Pflanzen beobachten
im Rhythmus der Jahreszeiten

Haupt
NATUR

Knospe des Berg-Ahorns im Winter

Vincent Badeau, Marc Bonhomme, Fabrice Bonne,
Jennifer Carré, Sébastien Cecchini, Isabelle Chuine,
Catherine Ducatillion, Frédéric Jean, François Lebourgeois

Pflanzen beobachten im Rhythmus der Jahreszeiten

Der phänologische Naturführer

Mit einem Vorwort von Bernard Seguin,
Mitglied des Weltklimarates (IPCC)

Haupt Verlag

Die französischsprachige Originalausgabe erschien 2017 unter dem Titel *Les plantes au rythme des saisons* bei Biotope éditions, Meze.

Aus dem Englischen übersetzt von Dr. Ruthild Kropp, DE-Frankfurt am Main
Lektorat der deutschsprachigen Ausgabe: Frauke Bahle, DE-Freiburg im Breisgau
Satz der deutschsprachigen Ausgabe: Die Werkstatt Medien-Produktion GmbH, DE-Göttingen
Gestaltung des Umschlags der deutschsprachigen Ausgabe: pooldesign, CH-Zürich
Layout: Nicolas Sourgens

Wenn kein anderer Name angegeben ist, stammen die Fotos von den Autoren.
Die Aquarelle wurden von Fabrice Bonne und Jessica Deschamps angefertigt.

Umschlagabbildungen
Hintergrundbild: Peter Heymann/Pixabay
Umschlagvorderseite von oben nach unten: Hans Linde/Pixabay, Michael Gaida/Pixabay, Ruth Rudolph/Pixelio, Manfred Richter/Pixabay
Rücken und Umschlagrückseite: Aquarelle aus dem Inhalt

Printed in Italy

Bibliografische Information der Deutschen Nationalbibliothek
Die Deutsche Nationalbibliothek verzeichnet diese Publikation in der Deutschen Nationalbibliografie; detaillierte bibliografische Daten sind im Internet über http://dnb.dnb.de abrufbar.

1. Auflage 2020

ISBN 978-3-258-08170-0

MIX
Papier aus verantwortungsvollen Quellen
FSC® C015829

Der Haupt Verlag wird vom Bundesamt für Kultur mit einem Strukturbeitrag für die Jahre 2016–2020 unterstützt.

Inhaltsverzeichnis

Danksagung

Dieses Werk hätte nie geschrieben werden können ohne die Unterstützung von AgroParisTech, dem Centre National de la Recherche Scientifique (CNRS), dem l'Institut National de la Recherche Agronomique (INRA), dem l'Office National des Forêts (ONF), dem l'Observatoire de Recherche Méditerranéen de l'Environnement (OSU OREME) und dem Kooperationsnetzwerk Tela Botanica.

Die Autoren danken besonders:

- Für ihre Fotografien: Olivier Ambrosio, Benoit Bock, Geneviève Botti, William Brunetto, Pierre Bonnet, Marc Bottin, Alain Chalon, Luc Croisé, Eric Duchêne, Alexis Ducousso, Isabelle Farrera, Thierry Genevet, Olivier Gilg, Hervé Goeau, Anne Gorgeon, Christophe Gorla, Emmanuel Gritti, Bernadette Huynh Tan, Véronique Jaegle, Catherine Lenne, Jeanne Lenormand, Yoan Martin, Jean-Philippe Orts, Michel Pourchet, Liliane Roubaudi, Jacques Roy, Jean Thevenet, Deborah Thevenin, Erwin Ulrich, Michel Vennetier, Jean-Luc Zerbib.
- Dank an Jessica Deschamps für ihre Aquarelle des Buschwindröschens, der Herbstzeitlosen, des Klatschmohns, der Forsythie, der Gelben Narzisse, des Maiglöckchens, der Weißen Narzisse, der Frühlings-Schlüsselblume sowie des Huflattichs.
- Für ihre redaktionellen Beiträge, das aufmerksame Korrekturlesen des Manuskripts, die Bereitstellung von Mitteln zum kollaborativen Arbeiten, die moralische Unterstützung und die beständigen Ermutigungen: Cyril Bernard, Delphine Cauquil, Sophie Cornu, François Courbet, Katia Diadema, Iñaki Garcia de Cortazar Atauri, Jean-François Gonot, Karine Jean, Jean-Michel Legave, Daniel Matthieu, Brigitte Musch, Eric Paillassa, Manon Paszkier, Vincent Perez, Frédéric Poydenot, Marie-Claude Quidoz, Deborah Thevenin.
- Für ihre Beiträge an die Datenbereitstellung, den Mitgliedern des Observatoire Des Saisons und der Fédération des Conservatoires Botaniques Nationaux.

Herbstliche Blattfärbung des Speierlings.

Die Autoren

Vincent Badeau

Der promovierte Waldökologe und Forschungsingenieur am INRA-Zentrum Nancy leitet das Arboretum von Amance sowie das landesweite Netzwerk der öffentlichen Arboreten. Seine Forschung befasst sich mit der Beschreibung von Naturräumen und der Modellierung der klimatisch bedingten Verbreitung von Arten. Zu diesem Buch hat er seine ökologischen und biogeografischen Qualifikationen beigesteuert.

Marc Bonhomme

Der Forschungsingenieur bei der INRA in Clermont Ferrand hat sich auf die Erforschung der Biologie der Knospen spezialisiert, besonders auf das Phänomen der winterlichen «Knospenruhe», sowie auf die phänologische Modellierung. Er arbeitet seit mehreren Jahren am Observatoire Des Saisons und leitet dort eine Arbeitsgruppe zur «Knospenruhe». Zu diesem Buch hat er sein Wissen zur Phänologie beigesteuert.

Fabrice Bonne

Den Forsttechniker der INRA in Nancy führen seine Aufgaben vor allem in das Arboretum von Amance und in den Wald, wo er unter anderem für die phänologische Beobachtung von Hunderten von Bäumen sorgt. Als renommierter Fachmann auf nationaler Ebene in diesem Bereich hat er das allgemeine Protokoll für die phänologische Beobachtung für eine Vielzahl der Arten dieses Projekts angepasst und entworfen. Er arbeitet mit an Ausbildungen des Observatoire Des Saisons (ODS). Zu diesem Buch hat er seine Fähigkeiten als Beobachter und Aquarellist beigesteuert.

Jennifer Carré

Seit fünf Jahren ist sie für die Entwicklung von Projekten vor Ort für die Organisation Tela Botanica verantwortlich und leitet insbesondere an der Seite von Isabelle Chuine das Projekt der Citizen Science (Bürgerwissenschaften) des Observatoire Des Saisons. Aufgrund ihrer Nähe zur Natur und den Beobachtern sieht sie sich einer globaleren Denkweise verpflichtet; seit 2014 ist sie Teil der Forschungsvereinigung des CNRS (GDR PARCS), die darauf abzielt, Bürger in diese Programme einzubinden. Für das vorliegende Buch hat sie ihr Wissen der Wissenschaftsvermittlung beigetragen sowie ihre Erfahrung bei der Aufklärung einer breiten Öffentlichkeit im Bereich phänologische Beobachtung.

Sébastien Cecchini

Der Forsttechniker der Abteilung Forschung, Entwicklung und Erneuerung im Office National des Forêts ist Teil des Zentrums für die Koordination des Reseau National de suivi à long terme des Ecosystèmes Forestiers (RENECOFOR), dessen Aufgabe es ist, mögliche langfristige Veränderungen in Waldökosystemen zu untersuchen und die Gründe dieses Wandels besser zu verstehen. Für das vorliegende Buch hat er sein Wissen über die Beschreibung der Waldbäume und die Beobachtung des Bodens eingebracht.

Isabelle Chuine

Die ausgebildete Agronomin und Doktorin der Ökologie und Evolutionsbiologie, Forschungsleiterin am CNRS, arbeitet am Centre d'Écologie Fonctionnelle et Évolutive in Montpellier, wo sie ihre Forschungsarbeit dem Studium der Phänologie und der Anpassung von Pflanzenarten an das Klima widmet. Sie leitet seit 2006 eine staatliche Beobachtungsstelle zur Phänologie und das Programm der Citizen Science (Bürgerwissenschaften) des Observatoire Des Saisons. Sie hat dieses Buch initiiert und die Redaktion überwacht.

Catherine Ducatillion

Die ausgebildete Botanikerin und Forschungsingenieurin bei der INRA leitet den Botanischen Garten der Villa Thuret in Antibes, einen historischen Garten, der für die Allgemeinheit geöffnet ist. Die Fachfrau für die Einführung gebietsfremder Arten in das mediterrane Klima hat bei Quae ein Buch über 150 Jahre der Akklimatisation im Garten Thuret veröffentlicht. Sie arbeitet seit seiner Entstehung am Observatoire Des Saisons. Für das vorliegende Buch hat sie ihr Fachwissen über mediterrane Pflanzen und ihre Erfahrung mit der Öffentlichkeitsarbeit beigetragen.

Frédéric Jean

Ingenieurassistent der ökologischen Forschungsstelle mediterraner Wälder bei der INRA in Avignon. Er leitet Versuche, die darauf ausgerichtet sind, die bestimmenden Faktoren in der Phänologie einiger Waldmodellarten besser zu verstehen. Er hat die Arbeitsgruppe geleitet, die dieses Werk verfasst hat, und hat seine Kenntnisse der Beobachtung im Feld zu diesem Projekt beigesteuert.

François Lebourgeois

Doktor der Ökologie und Dozent am AgroParisTech Centre in Nancy. Er unterrichtet Studenten forstlicher Ausbildungsgänge in Ökologie und insbesondere in der Dendrologie und Autökologie. Er arbeitet und forscht zu Klimaeinflüssen und ihren Veränderungen bezüglich des Dickenwachstums der Bäume und der Phänologie. Zu diesem Buch hat er sein Wissen über die Phänologie und die Autökologie der Waldbäume beigetragen.

Frühjahrsblüte des Klatschmohns

Vorwort

Phänologie: Ein Fachbegriff, der in der breiten Öffentlichkeit wenig bekannt ist. Doch die meisten Menschen sind rasch überzeugt, wenn man statt auf eine wissenschaftliche Definition eher auf die Beobachtungen verweist, die jeder machen kann: auf den Zeitpunkt der Blüte von Bäumen und Sträuchern oder – für die Akteure im Bereich Landwirtschaft – auf Erntetermine oder den Beginn der Weinlese. Auch der erste Ruf des Kuckucks oder das erste Singen der Zikaden im Süden gehören dazu. Es ist eine unerschöpfliche Liste, die jedoch ganz konkret die Wahrnehmung von Naturereignissen mit den Jahreszeiten in Verbindung setzt und dabei die Beobachtung der Natur in den Mittelpunkt stellt.

Dies verweist auch gleich auf den (Haupt)Mangel, nämlich dass die Forschung auf einen vorwiegend beschreibenden Zugang beschränkt ist. Ergänzt wird dieser Ansatz durch Arbeiten über die Abhängigkeit der phänologischen Stadien insbesondere von der Temperatur sowie über Schwellenwerte und Schäden bei deren Überschreitung, etwa bei außergewöhnlichen klimatischen Ereignissen wie starken Frösten im Frühling. Bei der Einrichtung eines agrarmeteorologischen Dienstes in Frankreich in den 1970er-Jahren ging es daher darum, die Klimamessungen durch phänologische Beobachtungen zu ergänzen (etwa durch die Fliederblüte), wie es bereits in den nord- und osteuropäischen Ländern praktiziert wurde. Diese Idee wurde jedoch aufgegeben, weil eine konkrete Durchführung damals unmöglich erschien.

Damals kam die Idee auf, Daten aus lange zurückreichenden historischen Aufzeichnungen von Emmanuel Leroy-Ladurie über Weinerntetermine zu nutzen, um daraus indirekt Temperaturwerte zu rekonstruieren. Aber erst in den 2000er-Jahren, als wissenschaftliche Fragen zur Realität eines Klimawandels (des zukünftigen, aber auch des bereits erkennbaren) lauter wurden, kam die Phänologie wieder zu Ehren. Die Arbeiten über die starke Erderwärmung seit dem Ende der 1980er-Jahre haben in der Phänologie eine besonders präzise Möglichkeit gefunden, die reinen klimatischen Beobachtungen zu untermauern. Auf französischer Seite wurden die ersten Beobachtungen zum allgemein immer früheren Eintreten der Entwicklungsstadien der Obstblüte oder der Rebenblüte rasch von einer großen Zahl von Studien über die Naturräume ergänzt.

Unsere europäischen Kollegen, besonders jene in Deutschland, England und den Niederlanden, waren in der Analyse der Datenreihen, über die sie seit Langem verfügten, schnell einen Schritt voraus. Ihre sehr überzeugenden Schlussfolgerungen wurden rasch international verbreitet und gewürdigt, darunter beispielsweise der Bericht des Weltklimarates (IPCC). Der Sachstandsbericht von 2007 gab der Phänologie mit ihren verschiedenen Elementen einen breiten Raum und der folgende Bericht (2014) bestätigte ihren Stellenwert innerhalb der Vielfalt der Forschungsthemen. Als Folge davon räumten unsere nationalen Behörden der Phänologie allmählich wieder ihren Platz im Spektrum der wissenschaftlichen Arbeiten ein – als Marker des Klimawandels und zur unerlässlichen Bestimmung des Ausgangsstadiums für die Simulation künftiger Folgen.

Innerhalb weniger Jahre hat sich nun eine wissenschaftliche Gemeinschaft gebildet, die sich auf einzigartige Weise einer breiten Öffentlichkeit geöffnet hat, indem sie sie um ihre Mitwirkung bat mit dem Ziel, die Reichweite der Beobachtungen zu erweitern. Das vorliegende Buch heißt die Dynamik dieses Themas willkommen und möchte sie unterstützen und weiterentwickeln.

Bernard Seguin
Mitglied des Weltklimarates (IPCC),
Agraringenieur, ehrenamtlicher
Forschungsleiter bei der INRA.
Seguin hat an der Erstellung der beiden letzten
Berichte des IPCC mitgearbeitet und ist Autor
des Buches «Coup de chaud sur l'agriculture»,
Éditions Delachaux et Niestlé.

Einleitung

Dieses Werk ist aus einem Gemeinschaftsprojekt von Forschern, Technikern und Akteuren der partizipativen Wissenschaften entstanden. Die Autoren arbeiten seit 2007 zusammen und haben eine Beobachtungsstelle zur Phänologie der Fauna und Flora von Frankreich ins Leben gerufen, das Observatoire Des Saisons (www.obs-saisons.fr). Diese Beobachtungsstelle unterstützt die Arbeit französischer und internationaler Forschungsteams, die die Folgen des Klimawandels untersuchen. Sie stellt dem Observatoire National sur les Effets du Réchauffement Climatique (der nationalen Beobachtungsstelle zu den Auswirkungen der globalen Erwärmung) Informationen und Daten über die Anzeichen für die Folgen des Klimawandels zur Verfügung, etwa Datenreihen über die Veränderungen des Zeitpunkts der Obstblüte oder der Weinlese. Sie liefert auch wichtige Informationen an Bürger und Behörden, zum Beispiel über den Zeitpunkt des Pollenflugs allergener Pflanzenarten. Die bisherige Erfahrung der Techniker und Wissenschaftler, die an diesen Beobachtungen beteiligt sind, hat die Autoren zu zwei Schlussfolgerungen veranlasst:

(1) Sie stoßen auf Schwierigkeiten bei der Beobachtung komplexer Objekte (Pflanzen).

(2) Diese Beobachtungen wecken ein ernsthaftes Interesse innerhalb der Wissenschaftsgemeinschaft, aber auch außerhalb, besonders unter Landwirten, Lehrern, Studenten, Naturforschern, Kindern und allen, die neugierig auf die Natur sind.

Dieses Buch beschäftigt sich mit der Phänologie der Pflanzen, besonders der Bäume. Es möchte ein praktischer Führer für eigene Beobachtungen sein. Auch wenn dafür das Erkennen der Arten und das Wissen um die Lebensräume, in denen sie leben, wichtig sind, ist dies nicht sein oberstes Ziel. Vielmehr soll es dazu dienen, die Beobachtungen der Entwicklung von Pflanzen während der Jahreszeiten zu standardisieren und so die Sammlung wissenschaftlich verwertbarer Daten sowie die Einrichtung von Datenbanken ermöglichen. Dementsprechend wird der Leser keine Bestimmungsschlüssel finden, denn dieses Buch ist keine Flora; er wird auch keine vollständigen Informationen über die Ökologie der vorgestellten Arten finden, denn dies ist kein ökologisches Handbuch. Botanisch Interessierte seien auf die Vielzahl an Bestimmungsbüchern verwiesen, etwa die Flora Helvetica (Lauber, Wagner, Gygax 2018), die Flora von Deutschland und angrenzender Länder (Schmeil-Fitschen 2019) oder die Ökologische Flora Niederösterreichs (Holzner & Adler 2014).

Männliche Kätzchen der Schwarz-Erle zu Beginn der Blüte.

Hervé Goeau

Ziele dieses Beobachtungsführers

Dieser Beobachtungsführer richtet sich an eine breite Öffentlichkeit. Die Autoren haben, soweit dies möglich war, spezielle wissenschaftliche Terminologie durch ein allgemein verständliches Vokabular ersetzt. Das Buch dient als Werkzeug, um phänologische Ereignisse zu beobachten, Phänomene also, die im Zusammenhang mit dem Lebensrhythmus der Pflanzen stehen. Dazu gehören die Blüte eines Baumes, die Reife seiner Früchte oder die Färbung seiner Blätter im Herbst. Der Leser, ob vom Fach oder Amateur, wird sich dadurch nach und nach in die phänologische Beobachtung der Pflanzen einarbeiten und kann eigene Beobachtungen durchführen. Wer möchte, kann diese Beobachtungen Wissenschaftlern mitteilen, denn die im Buch vorgestellten Regeln sind auch in der Forschung üblich. Dann können die Beobachtungen für die Entwicklung theoretischer Modelle verwendet werden.

Wie ist dieser Beobachtungsführer aufgebaut?

Der erste Teil dieses Buches stellt die Phänologie vor, eine Wissenschaft, die infolge des Klimawandels immer mehr Interesse weckt. Dieser Abschnitt legt unseren Kenntnisstand über den jährlichen Entwicklungszyklus vieler Bäume, Sträucher und einiger verbreiteter Stauden dar, verweist aber ebenso auf Bereiche, die es noch zu erforschen gilt. Der zweite Teil des Buches widmet sich der Beschreibung der phänologischen Beobachtungsmethoden. Der dritte Teil beschreibt die Arten und ihre phänologischen Stadien mithilfe von Fotografien; er erklärt, wie wir selbst die Arten beobachten können, die uns umgeben.

Jede Art wird mithilfe einfacher botanischer Merkmale beschrieben, die ein Erkennen intuitiv und zweifelsfrei ermöglichen. Diese Beschreibung wird durch eine Skizze ergänzt, die die wichtigsten morphologischen Merkmale der Art darstellt. Die Standortansprüche und ökologischen Beziehungen der Arten werden in einfacher Weise erläutert. Schließlich werden diejenigen phänologischen Stadien beschrieben und mit einem Foto veranschaulicht, die für die Beobachtung von besonderem Interesse sind. Bei den Arten, für die bereits viele Daten dokumentiert sind, vereinfacht ein phänologischer Kalender die Organisation der Beobachtungen. Bei den anderen Arten beruht der Kalender auf Expertenmeinungen.

Als Klassifizierungsstufe haben wir die Art gewählt; dieser Beobachtungsführer berücksichtigt keine untergeordneten Rangstufen wie Unterart, Varietät, Ökotyp oder Kultivar. Gerade in Parks oder Gärten wird man aber auf Sorten stoßen, die unterschiedliche Phänologien bei der Blüte oder der Fruchtreife aufweisen. Diese frühen oder späten Sorten wurden häufig wegen ihrer Anpassung an lokale Klimabedingungen angepflanzt. Dies gilt es bei den Beobachtungen zu berücksichtigen.

Die Flora von Deutschland, Österreich und der Schweiz umfasst mehrere Tausend höherer Pflanzenarten. Deshalb wäre es unmöglich, einen umfassenden Beobachtungsführer zu erstellen, zudem wäre er bei Exkursionen nicht so einfach zu transportieren. Darum haben die Autoren eine Auswahl getroffen, die die botanische und geografische Vielfalt repräsentiert. Dabei haben sie sich leiten lassen von den Arten, die bereits von der französischen Beobachtungsstelle für Phänologie (Observatoire Des Saisons) beobachtet werden, und jenen, die seit mehreren Jahren durch die nationale und internationale Wissenschaftsgemeinschaft erforscht werden. Ausgewählt wurde nach den folgenden Kriterien:

- Ökologische und praktische Kriterien: Bäume (Laub- und Nadelbäume), Sträucher sowie einjährige oder mehrjährige krautige Pflanzen. Diese Pflanzen sind an verschiedenen Standorten zu finden und haben meist eine eindrucksvolle oder leicht zu beobachtende Blüte, die klar die Jahreszeiten markiert. Ihre unterschiedlich starke Empfindlichkeit gegenüber dem Klima ist zumindest teilweise bereits dokumentiert (etwa Empfindlichkeit gegenüber Frühlingsfrösten oder sommerlicher Trockenheit).
- Ökonomische Kriterien: Wald- und Obstarten liefern wichtige Produkte.
- Geografische Kriterien: Hauptsächlich heimische Arten wurden ausgewählt, ergänzt durch einige nicht heimische Arten, die seit Langem eingeführt und einfach zu beobachten sind (Ziersträucher). Manche Arten haben eine weite Verbreitung, andere wachsen nur in einem bestimmten Gebiet. Sie alle sind einfach zu finden und zu beobachten (Garten, Parkanlagen, Wege, Wälder usw.).
- Botanische Kriterien (Klassifikation): Die Arten stammen aus einer breiten Palette an Familien und Gattungen, die die Vielfalt der Formen widerspiegelt.

Insgesamt werden in diesem Buch 60 Arten vorgestellt. Sie sind eine repräsentative Auswahl und zeigen die Vielfalt der phänologischen Pflanzenmerkmale. Dennoch ist diese Auswahl nicht einschränkend gemeint, jeder Leser ist aufgefordert, die Phänologie der Pflanzen, die ihn interessieren, zu verfolgen und sich dabei von den Steckbriefen in diesem Buch inspirieren zu lassen.

Eric Duchêne

Herbstfärbung der Weinblätter

Was ist Phänologie?

- Definitionen und Konzepte
- Kurze Geschichte der Phänologie
- Der Jahreszyklus der Pflanzen
- Welche Faktoren beeinflussen den Entwicklungszyklus der Bäume?
- Was macht die Phänologie interessant?
- Geben Sie Ihren Beobachtungen einen Sinn

Definitionen und Konzepte

Das Wort «Phänologie» stammt aus dem Griechischen: «phainein» für erscheinen, sich zeigen und «logos» für Wort, Lehre. Wir können es übersetzen mit «Lehre von dem, was sichtbar ist». Die klassischere Definition, die übrigens bis zur Mitte des 20. Jahrhunderts verwendet wurde, stammt von Linée (1751):

> « *Die Phänologie ist die Kunst, das Auftreten sich wiederholender Aktivitäten oder Ereignisse bei Pflanzen oder Tieren im Laufe des Jahres zu beobachten.* »

Diese Definition hat sich im Laufe des 20. Jahrhunderts weiterentwickelt. 1972 prägte das «U.S. International Biosphere Programm Phenology Committee» eine sehr viel genauere Definition:

> « *Die Phänologie ist die Untersuchung des zeitlichen Auftretens biologischer Ereignisse im Zusammenhang mit den saisonalen Änderungen des Klimas.* »

Aber diese Definition genügte der Wissenschaftsgemeinschaft nicht, denn diese Ereignisse werden bei einigen Arten nur gering vom Klima beeinflusst. Um alle Wissenschaftler zufriedenzustellen, lieferte Lethe (1974) eine allgemeinere Definition der Phänologie:

> « *Die Phänologie ist die Untersuchung des zeitlichen Auftretens biologischer Ereignisse, der biotischen und abiotischen Gründe zum Zeitpunkt dieses Auftretens sowie der Beziehungen zwischen den verschiedenen Ereignissen bei einer einzigen Art oder bei verschiedenen Arten.* »

Diese Ereignisse werden phänologische Ereignisse genannt. Dazu gehören zum Beispiel die Blüte eines Baumes oder die Verfärbung seiner Blätter, aber auch das Auftauchen eines Zugvogels, die Eiablage eines Vogels, das Auftreten der Zikaden usw. Die Phänologie erfasst den Zeitpunkt, zu dem diese unterschiedlichen Ereignisse an einem bestimmten Ort und Jahr stattfinden, um sie zu beschreiben und letztendlich auch zu erklären.

Kurze Geschichte der Phänologie

Vermutlich fühlte sich der Mensch von jeher von phänologischen Phänomenen angezogen, denn sie lieferten wertvolle Ergebnisse für die Landwirtschaft und halfen, in Harmonie mit der Natur zu leben. Die enge Bindung des Menschen mit seiner Umgebung beeinflusste auch die verschiedenen Traditionen und religiösen Riten. Doch im Zuge der Industrialisierung und Urbanisierung hat sich der Mensch mehr und mehr von der Natur gelöst, sodass diese Bindung zunehmend verkümmert. In vielen griechischen und lateinischen Schriften finden sich phänologische Beobachtungen, die sich in erster Linie auf die Landwirtschaft beziehen. Durch die Forschungsreisen vom 15. bis zum 19. Jahrhundert erweiterte sich das geografische Wissen. Dadurch konnte den Beobachtungen ein genauer Ort inklusive geografischer Koordinaten zugeordnet werden. So wurden sie auch für die Wissenschaft interessant, denn auf diese Weise konnten die äußerst präzise registrierten Phänomene miteinander verglichen werden.

Die erste wissenschaftliche Veröffentlichung über die Phänologie aus dem Jahr 1735 stammt von René-Antoine Ferchault de Réaumur, einem französischen Physiker und Naturforscher, dem wir auch das erste Alkoholthermometer und eine Temperaturskala verdanken, die seinen Namen trägt. Er verglich die Temperaturentwicklung an mehreren Orten mit dem Auftreten phänologischer Ereignisse und schlug vor, dass die Temperatur ein Faktor sein müsse, der an der Steuerung des Jahresrhythmus der Pflanzen beteiligt sei. Es existieren jedoch schon frühere Arbeiten über die Phänologie: So verfasste im 16. Jahrhundert der normannische Landwirt Sire Gilles de Couberville et du Mesnil Anvar eine Schrift über Apfelsorten, die jedoch erst 1880 veröffentlicht wurde. Den Begriff «Phänologie» prägte Charles Morren, ein belgischer Botaniker, schließlich 1849 während einer Konferenz an der Akademie von Brüssel (Demarée & Rutishauser 2009). Mehrere phänologische Studien wurden im 19. und zu Beginn des 20. Jahrhunderts durchgeführt, vorwiegend in Frankreich, später auch in Großbritannien und in den Vereinigten Staaten. Die meisten dieser Aufzeichnungen sind leider schwer zugänglich, da sie nur als Protokolle existieren oder in Fachzeitschriften mit einer geringen Verbreitung veröffentlich wurden.

Der Jahreszyklus der Pflanzen

Auf welche Weise das Klima den jährlichen Entwicklungszyklus einer Pflanze bestimmt, hängt natürlich von der jeweiligen Art ab. Bei einer einjährigen krautigen Art (wie Weizen oder Mais) beispielsweise beginnt der Jahreszyklus mit der Keimung eines Samens, gefolgt von einer Phase der vegetativen Entwicklung. Danach entwickeln sich die Fortpflanzungsorgane, also die Blüte, und es kommt zur Befruchtung und Reifung der Samen. Die Wachstumsphase endet mit dem Altern (Seneszenz) und dem Absterben der Pflanze. Der gesamte Lebenszyklus der Pflanze steht also im Zusammenhang mit dem Klima eines Jahres.

Bei einer mehrjährigen krautigen Pflanze endet der Zyklus des ersten Jahres nicht mit dem Absterben der ganzen Pflanze, nur die oberirdischen Teile sterben ganz oder teilweise. Sie kann somit, ausgehend von ihren unterirdischen Teilen, im folgenden Jahr eine neue Wachstumsphase starten. Entscheidend für ihr Überleben ist dabei die Fähigkeit, ausreichend Reserven anzulegen. Sie ist also besonders abhängig von den klimatischen Bedingungen im Sommer und im Herbst, da sie in dieser Zeit Speicherstoffe einlagert.

Bei einer mehrjährigen holzigen Pflanze (Baum, Strauch) stirbt selbst der oberirdische Teil zur kalten Jahreszeit nicht ab. Sie verfügt über spezielle Mechanismen, mit deren Hilfe sie die ungünstigen Winterbedingungen überlebt. Auch sie legt Reserven an, um im Frühling das Wachstum wieder aufnehmen und einen neuen Zyklus beginnen zu können. Über die Jahre erleben diese Pflanzen eine Vielzahl an Klimaeffekten wie Frost, Trockenheit usw., die ihre Entwicklung und ihr Überleben beeinflussen, hinzu kommen weitere Einflüsse wie Parasitenbefall, Wildverbiss usw.

WAS IST EINE KNOSPE UND WIE IST SIE AUFGEBAUT?

Anders als bei den Haaren der Säugetiere (wie auch den Menschenhaaren) wachsen die Pflanzentriebe an den Spitzen und nicht an der Basis. Sie verlängern sich dank des Wachstumsgewebes, das an der Triebspitze sitzt, dem primären Meristem. Es enthält teilungsfähige Zellen und übernimmt zwei Funktionen: zum einen die Organent-

Blick von außen auf die Blattknospen der Rot-Buche

wicklung (es legt neue Pflanzenteile wie Blätter, Blüten, Triebe an), zum anderen die Streckung (es entfaltet die gebildeten Pflanzenteile und lässt sie wachsen). Je nach Art können diese beiden Funktionen zeitlich verschoben oder zeitgleich stattfinden. Mit dem Ende des Sommers (zuweilen im späten Frühjahr oder im Laufe des Sommers, je nach Art) verlangsamt ein Baum in den gemäßigten Zonen sein Wachstum, um schließlich die Bildung neuer Blätter ganz einzustellen.

In dieser Zeit tauchen veränderte Blattstrukturen auf. Es bilden sich Schuppen, die die Triebspitze und ihr Meristem ummanteln. Die Schuppen trocknen aus und ändern ihre Farbe (in der Regel werden sie braun), bei manchen Arten sind sie behaart, bei anderen glatt. Diese neue Struktur, das Meristem mit den schützenden Schuppen darum herum, ist die Knospe. Auch in den Achseln der Laubblätter entstehen Knospen.

Die Zeit des Wachstumsrückgangs ist aber nur eine scheinbare Ruhephase. Tatsächlich bildet das Meristem schon jetzt die Anlagen für die Organe, die sich im folgenden Jahr entwickeln werden. In der Knospe sind also bereits der Spross und die Blätter angelegt. Das Meristem an der Triebspitze nennt sich Apikalmeristem (Apex = Spitze), es wird im Frühjahr das Längenwachstum einleiten und Blätter bilden. Das Meristem in den Blattachseln wird Achselmeristem genannt, es sorgt für die Verzweigung der Sprossachse.

Diese Knospe kann im vegetativen Zustand bleiben, dann wird sie zu einem Spross und zu Blättern. Sie kann sich aber auch zu einer Blüte entwickeln. Dieser Wechsel zur Blüte kann sehr früh in der Vegetationsphase erfolgen. Das Meristem, das bis dahin Vorstufen von Blättern gebildet hat, erhält dazu ein Signal, das sich Blüteninduktion nennt. Dieses Signal wird von Umweltfaktoren ausgelöst, etwa von der Temperatur, der Menge und Qualität des Lichtes oder der Tageslänge. Es ist aber auch abhängig von inneren Faktoren der Pflanze (Kohlenhydratspiegel, Wirkung von Hormonen). Infolge dieses Signals stellt das primäre Meristem die Bildung von Blattanlagen ein und bildet stattdessen die Vorstufen der verschiedenen Organe der Blüte.

Längsschnitt durch eine Blattknospe der Rot-Buche

Längsschnitt durch eine Blattknospe des Pfirsichbaums

Bei einigen Arten ist die zukünftige Frühlingsblüte seit dem vorigen Herbst komplett im Inneren der Knospe angelegt, mit Kelch-, Kronblättern und Stempel. Natürlich ist sie noch nicht funktionsfähig, denn Eizelle und Pollenkörner werden erst kurz vor der Blüte gebildet.

Längsschnitt durch eine gemischte Blatt- und Blütenknospe der Rot-Buche

Längsschnitt durch eine Blütenknospe des Pfirsichbaums

WELCHE PHASEN DURCHLÄUFT EIN BAUM IM LAUF DES JAHRES?

In den gemäßigten Klimazonen muss der Baum im Winter ungünstige Bedingungen für Wachstum und Fortpflanzung überdauern. Bäume der gemäßigten Klimazonen haben sich an diese Bedingungen angepasst, indem sie ihr Wachstum während des Winters einstellen. Wenn dann die meteorologischen Bedingungen für die Fotosynthese und das Wachstum wieder günstig geworden sind, also im Frühling, bildet der Baum neue Blätter und neue Triebe.

Abgesehen von Wasser und Nährsalzen produziert der Baum seine Nahrung selbst: In den Blättern stellt er mithilfe der Fotosynthese aus Wasser, Kohlendioxid und Sonnenlicht Kohlenhydrate her. Diese Kohlenhydrate liefern zum einen die Energie, die der Baum zum Wachsen braucht. Zum anderen werden sie gespeichert. Diese Reserven braucht der Baum, um im nächsten Frühling wieder auszutreiben, denn damit die Knospen aufbrechen können, benötigen sie Energie. Da zu diesem Zeitpunkt noch

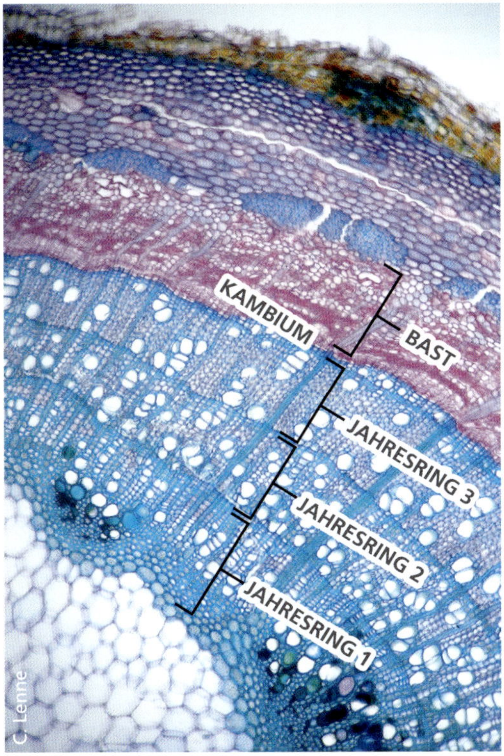

Querschnitt durch den Stamm eines Ahorns mit drei Jahresringen, Kambium und Bast

keine Blätter vorhanden sind, die Fotosynthese betreiben könnten, nutzt der Baum die Energie der eingelagerten Speicherstoffe.

Ein Baum besitzt zwei meristematische Strukturen. Da ist zum einen das bereits erwähnte primäre Meristem in den Knospen, das im folgenden Jahr die neuen Triebe, Blätter und Blüten bildet. Dieses wird benötigt, damit der Baum nach der Winterruhe einen neuen Wachstumszyklus starten kann. Das zweite Wachstumsgewebe ist das sekundäre Meristem: Es befindet sich unter der Rinde und wird Kambium genannt. Es besteht aus wenigen Zellschichten und bildet nach innen das Holz (das Xylem, das Leitsystem, in dem Wasser transportiert wird) und nach außen den Bast (das Phloem, in dem Nährstoffe transportiert werden). Es ist für das Dickenwachstum des Stamms verantwortlich. Durch die jahreszeitliche Aktivität des Kambiums bildet sich in den gemäßigten Klimazonen jedes Jahr ein weiterer Jahresring.

Während des Winters ist der Stoffwechsel im Inneren der Knospen extrem verlangsamt. Auch bei kurzzeitig höheren Temperaturen treiben die Knospen nicht aus. Diese Ruhephase (Dormanz) verhindert, dass es zu Frostschäden kommt. Dazu später mehr.

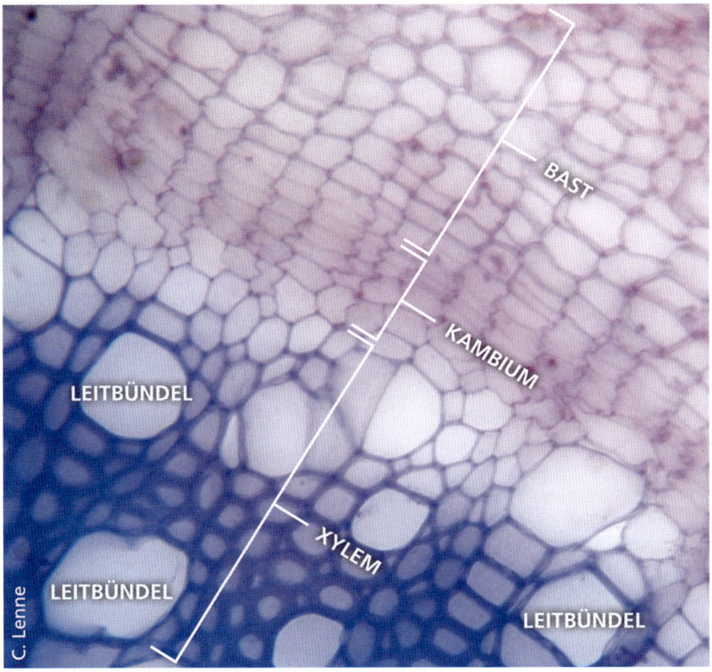

Das Kambium besteht aus wenigen Schichten kleiner, länglicher Zellen. Es bildet auf der einen Seite (zum Inneren des Stammes hin) das Holz und auf der anderen Seite (nach außen hin) den Bast.

Wissenswertes +

FUNKTION DES MERISTEMS

Ein Meristem ist eine Struktur, die charakteristische Zellen enthält. Diese Zellen können sich teilen und zu den verschiedensten Gewebezellen entwickeln, daher sind sie beispielsweise mit menschlichen Stammzellen vergleichbar. Sie enthalten in der Regel einen großen Kern und viele Mitochondrien, die gleich einer Fabrik die Energie der Zelle produzieren. Diese Zellen bilden mehrere Lagen. Je weiter sie sich vom Inneren des Meristems entfernen, desto weiter differenzieren sie sich, das heißt, sie entwickeln sich zu einer Zelle eines bestimmten Gewebes, etwa eines Staubblattes oder Griffels.

Meristeme werden von Entwicklungsgenen reguliert. Drei Gene regeln direkt oder durch ihre Interaktionen, ob eine Zelle undifferenziert bleibt, also ihren meristematischen Zustand behält, oder ob sie sich ausdifferenziert. Wird ein Gen aktiv, spricht man von Genexpression oder kurz Expression.

Das Gen ***STM*** (für ***shoot meristemless***) bewahrt den undifferenzierten Zustand von Zellen. Ist dieses Gen nicht mehr funktionsfähig, was zum Beispiel bei pflanzlichen Labormutanten vorkommt, bildet die Pflanze kein einziges Meristem, weil alle Zellen sich ausdifferenzieren. Ein Meristem braucht aber Zellen im undifferenzierten Zustand.

Das Gen ***WUS*** (*Wuschel*) verhindert ebenfalls die Differenzierung der meristematischen Zellen.

Das dritte Gen nennt sich *CLAVATA* (lateinisch: Keule) und existiert in drei Formen:

- *CLAVATA* 1 und 2 kodieren für einen Rezeptor.
- *CLAVATA* 3 kodiert für ein Protein, das sich an diesen Rezeptor bindet. Dadurch wird das Gen ***WUS*** gehemmt und die Zellen differenzieren sich. Wenn *CLAVATA* nicht mehr funktionsfähig ist, wie bei manchen mutierten Pflanzen, wird ***WUS*** nicht mehr gehemmt. Dann bildet das Gewebe fortwährend meristematische Zellen, die sich nicht in andere Gewebezellen umwandeln. Es entsteht eine große meristematische Wucherung in Form einer Keule.

Expression von *STM*, *WUS* und *CLAVATA* sowie der negative Rückkopplungskreis zwischen den Genen *WUS* und *CLAVATA* (die Expression von *STM* wird fortgesetzt)

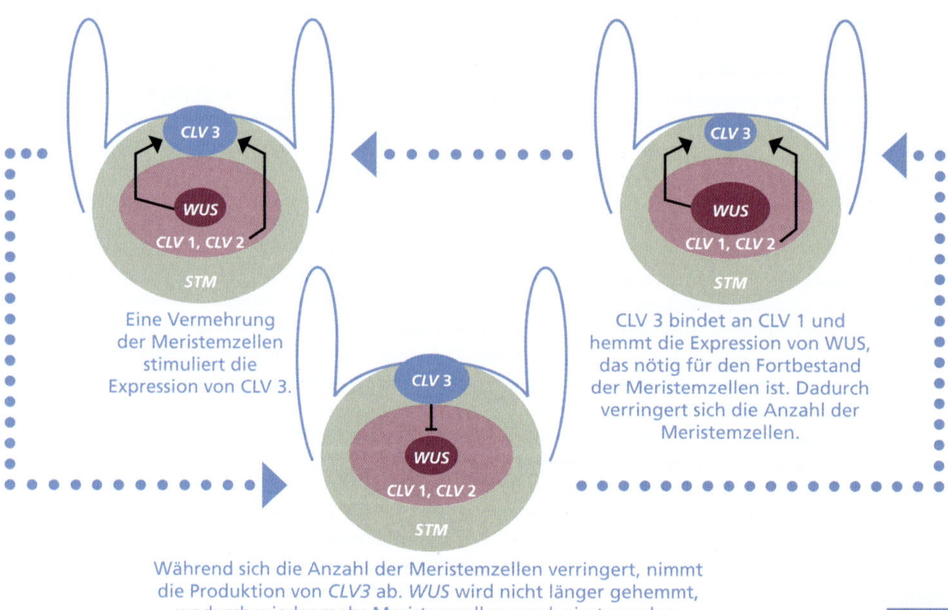

Natürlich sind weitere Gene an der Regulation beteiligt, aber diese drei sind ausschlaggebend für die Funktion und den Fortbestand der meristematischen Struktur.

Die Aktivität des Meristems wird zudem stark von der Wirkung pflanzlicher Hormone bestimmt. Im Bereich der Triebspitze wird hauptsächlich Auxin (Indol-3-Essigsäure) produziert, das die Zellverlängerung begünstigt, vor allem indem es auf die Formbarkeit der Zellwände einwirkt. Auxin ist zudem für die Apikaldominanz verantwortlich: Es hemmt das Wachstum von Seitentrieben, sodass nur noch die Sprossspitze länger wird. Bekannt ist dieses Phänomen bei Pflanzen, die vom Schatten zum Licht hin wachsen.

Andere Hormone stimulieren die Zellteilung und Verlängerung, wodurch die Entstehung neuen Gewebes gefördert wird, etwa die Cytokinine, die in den Wurzeln gebildet werden, und die Gibberelline. Wieder andere hemmen die zelluläre Teilung, wie die Abscisinsäure, die in den Blättern gebildet wird und eine wichtige Rolle bei der Entstehung von Knospen spielt.

Im Zusammenspiel mit Phytochrom, einem System, mit dem die Pflanze Tagesdauer und Lichtqualität erkennt, kann auch Ethen eingreifen, indem es besonders die Bildung der Abscisinsäure anpasst.

Festzuhalten ist, dass die Regulation der Meristemfunktion ein komplexes System ist, an dem viele Akteure auf verschiedenen Kontrollebenen beteiligt sind.

Ein Laubbaum wirft die Blätter ab, um Frostschäden zu vermeiden und um die Verdunstungsoberfläche zu verkleinern. Denn wenn im Winter der Boden gefriert oder der Niederschlag als Schnee fällt, ist nur wenig Wasser für den Baum verfügbar. Immergrüne Laubbäume sind daher in der Regel an Gebiete angepasst, in denen die Wintertemperaturen nicht zu niedrig sind. Nadelbäume legen die gleichen Übergangsstrukturen an wie Laubbäume, aber ihre Blätter (die Nadeln) sind besonders widerstandsfähig. Sie überstehen auch niedrige Temperaturen und verdunsten weniger Wasser. Es ist für das Überleben des Baumes daher nicht erforderlich, die Nadeln abzuwerfen.

In wärmeren Klimazonen wachsen bestimmte Baumarten aperiodisch oder stetig. Im gemäßigten Klima verläuft das Wachstum in der Regel rhythmisch, (scheinbare) Ruhephasen folgen auf Wachstumsphasen. Jedoch existieren auch Arten, die aperiodisch wachsen, andere wachsen stetig. Hierfür stellen Knospen die Schlüsselorgane dar, die das Überleben des Baumes beim Übergang von einer Vegetationsperiode in die andere sichern.

JAHRESZYKLUS DES BAUMES

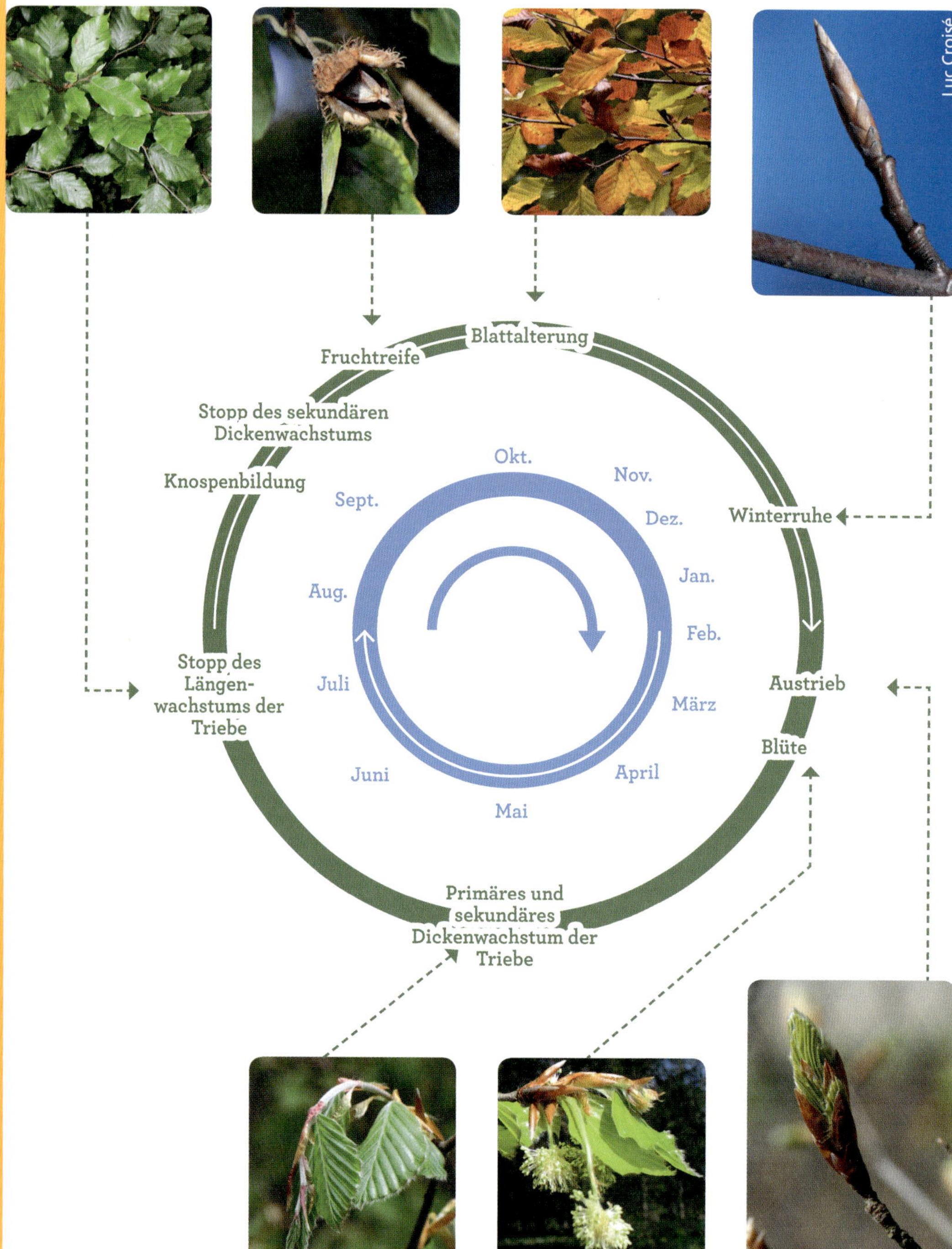

Welche Faktoren beeinflussen den Entwicklungszyklus des Baumes?

Die Mehrzahl der für diesen Beobachtungsführer ausgewählten Arten sind Bäume. Deshalb konzentriert sich der folgende Abschnitt auf diesen Pflanzentyp. Dennoch gilt es zu bedenken, dass andere Pflanzen auf Klimaeinflüsse anders reagieren können, obwohl sie von den gleichen Faktoren abhängig sind: Dies sind in erster Linie Temperatur, Tageslänge und Lichtqualität. So benötigt eine Tulpenzwiebel ein gewisses Maß an Kälte, um sich zu entwickeln und zur Blüte zu gelangen. Tatsächlich ähnelt sie in ihrer Entwicklung in gewisser Weise einer Baumknospe. Eine Chrysantheme kann erst blühen, wenn sie das Lichtsignal «kurzer Tag» (Winter) empfangen hat, während die Nelke erst blüht, nachdem sie das Signal «langer Tag» (Sommer) erhalten hat. Pflanzen, die im Herbst blühen, verringern dadurch den Konkurrenzdruck durch andere Pflanzen. Auf diese Weise hat sich jede Pflanze im Zuge der Evolution an ihre Umgebung angepasst.

ENTWICKLUNG DER KNOSPEN

Die Entwicklung der Knospen wird von äußeren und inneren Faktoren bestimmt.

Innere Faktoren

Die Aktivität des Meristems wird durch verschiedene Gene gesteuert, die ihrerseits von verschiedenen Faktoren reguliert werden. Diese Entwicklungsgene sind entscheidend für eine normale Entwicklung. Jede Veränderung ihrer Funktion führt zu anormalen Entwicklungen. Aber nicht nur die Meristemaktivität an sich, sondern auch das Erscheinungsbild einer Blüte oder eines Blattes ist genetisch festgelegt und wird von Genen kontrolliert.

Ein weiteres wichtiges Kontrollsystem sind Hormone: Einige regen die Aktivität des Meristems an (Cytokinine), andere hingegen unterdrücken sie (Abscisinsäure), wieder andere unterstützen das Wachstum (Gibberelline) oder die Bildung von Gefäßverbindungen (Auxin), die für den Transport von Wasser und Nährstoffen notwendig sind.

Wissenswertes +

MEHRERE PROZESSE HINDERN DIE KNOSPE DARAN, WÄHREND DER HERBST-WINTER-PERIODE ZU WACHSEN

Als Dormanz oder Knospenruhe bezeichnet man eine immer wiederkehrende Ruheperiode, die durch Umwelteinflüsse wie Licht und Temperatur ausgelöst und auch wieder aufgehoben wird. Haben diese Faktoren den Prozess angestoßen, regulieren bestimmte Hormone, ob die Zellvermehrung in der Knospe blockiert bleibt oder angeregt wird, die Knospe also ruht oder austreibt. Dieses Stadium der Knospenruhe nennt sich Endodormanz und ist dadurch gekennzeichnet, dass sich die Zellen von den Nachbarzellen isolieren. Mithilfe eines Zuckers, der Kallose, verschließen sie ihre Kommunikationskanäle, die sogenannten Plasmodesmen. Auch die Zellwände werden umgewandelt und werden undurchlässiger. Dadurch erhalten die Zellen zu wenig Sauerstoff, Wasser und Nährstoffe, wodurch die Stoffwechselaktivität stark eingeschränkt ist. Um diesen Zustand der Dormanz zu verlassen, müssen die Kallosepropfen aufgelöst werden. Und damit dies geschieht, müssen bei einigen Pflanzen niedrige Temperaturen (0–12 °C), bei anderen lange Tage, die den Frühling ankündigen, einwirken. Die Phase nach dieser Kälteeinwirkung bis zum Aufbrechen der Knospen nennt sich Ecodormanz.

Die Knospenruhe kann durch verschiedene Gewebe oder Organe in der Nähe der Knospe vermittelt werden. Das sind zum Beispiel die Gewebe des Hauptastes oder nahe liegender Blätter oder auch die Triebspitze (Apex). Auch andere, entferntere Pflanzenteile können eine Rolle spielen, etwa die Wurzeln. Man spricht dann von Paradormanz.

Die folgenden Abbildungen A und B zeigen die Abfolge dieser Stadien, die verschiedenen Einflüsse und die Terminologie.

Abbildung A - KREISLAUF DER KNOSPENRUHE

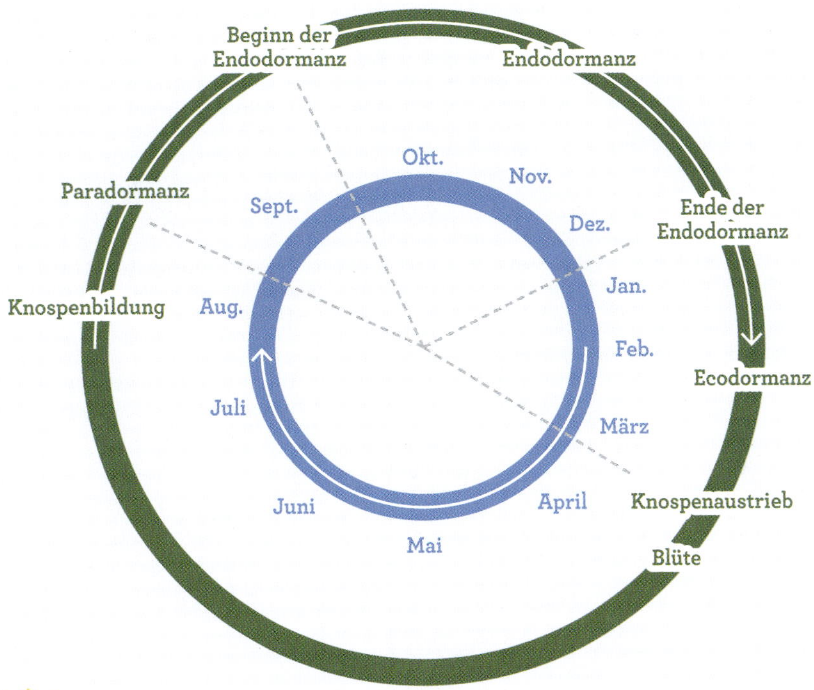

Abbildung B - EINFLUSSFAKTOREN DER KNOSPENRUHE

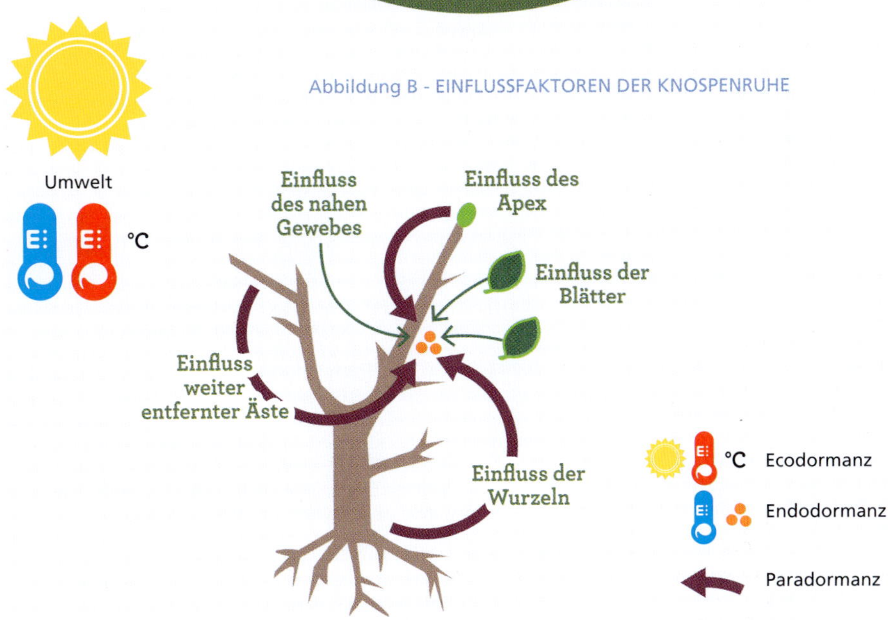

Äußere Faktoren

Temperatur und Tageslänge sind die Umweltfaktoren, die die Knospenruhe bzw. das Aufbrechen der Knospen beeinflussen. Die Tageslänge spielt je nach Art eine unterschiedliche Rolle. Bei vielen Arten löst die abnehmende Tageslänge im Spätsommer und Herbst einen Wachstumsstopp der Triebe aus. Stattdessen werden Knospen gebildet, bis schließlich die Ruhephase beginnt. Auch im Frühling reagieren nicht alle Pflanzen gleich. Einige Arten wie die Buche benötigen beispielsweise relativ lange Tage, um das Wachstum wieder aufzunehmen.

Für die meisten Arten gemäßigter Zonen ist jedoch die Temperatur der entscheidende äußere Kontrollfaktor für die Entwicklung der Knospen. Im Spätsommer und Frühherbst führen die niedrigen Temperaturen (ähnlich wie die abnehmende Tageslänge) dazu, dass die Pflanze das Wachstum einstellt, Knospen bildet und schließlich in die Ruhephase (Dormanz) übergeht. Befinden sich die Knospen nach einiger Zeit in der Phase der Endodormanz, benötigen sie Kälte (unter 12 °C), um diesen Zustand wieder zu verlassen. Dieser Kältebedarf variiert je nach Art, Sorte oder Herkunft. Welche physiologischen Mechanismen hier zugrunde liegen, ist nicht restlos erforscht. Bekannt ist aber, dass ein erheblicher Mangel an winterlicher Kälte den Wachstumsstart der Knospen im Frühling stören oder sogar gänzlich verhindern kann.

War der Winter kalt genug, verlässt die Knospe den Zustand der Endodormanz. Sie benötigt dann Wärme und Wasser für ihr Wachstum. Auch wenn dieses Wachstum von außen noch unsichtbar ist, beginnen sich im Inneren der Knospe die Anlagen für Blätter und Triebe weiterzuentwickeln. Die Pflanze befindet sich nun in der Phase der Ecodormanz. Wird der Wärmebedarf gedeckt, kann die Knospe aufbrechen.

LAUBAUSTRIEB UND BLÜTE

Neben der Tageslänge ist es für die meisten Arten vor allem der Anstieg der Temperatur im Frühling, der es den Blatt- und Blütenanlagen in der Knospe ermöglicht, ihr Wachstum wieder aufzunehmen. Wie schnell und wie intensiv eine Pflanze auf höhere Temperaturen reagiert, hängt wiederum von der Art und bei Kulturpflanzen besonders von der Sorte ab.

Während im Frühling hohe Temperaturen (20–25 °C) in der Regel das Wachstum der Knospen fördern, können dagegen zu hohe Temperaturen im Herbst und Winter Entwicklungsanomalien der Blüten und Blätter im Innern der Knospe verursachen. Dies kann beispielsweise dazu führen, dass die Blüten nicht bestäubt werden können. Einige Aprikosen- oder Kirschsorten sind besonders anfällig für dieses Phänomen. Auch Missbildungen der Blätter sind bekannt. Neuere Studien (Malagi 2014) haben bei Obstbäumen (etwa beim Apfelbaum) gezeigt, dass ein zu milder Winter den Zeitpunkt der Blüte verschieben kann, was ebenfalls zu einer geringeren Bestäubungsrate führen kann.

Für das Wachstum, wenn die Knospen aufbrechen und die Blüten erscheinen, benötigt die Pflanze Wasser und Energie, wofür sie ihre Reserven mobilisiert. Die jungen Blätter und Blüten sind während dieser Phase frostempfindlich. Treibt die Pflanze zu früh aus, kann schon ein milder Frühjahrsfrost (–3 °C) den Blättern und Blüten schaden. Es ist also eine kritische Zeitspanne. Paradoxerweise erhöht die Klimaerwärmung diese Risiken: Während die Wahrscheinlichkeit von Nachtfrösten im Frühjahr weiterhin hoch ist, bringen zunehmend wärmere Temperaturen am Tag die Pflanzen dazu, früher auszutreiben.

Zur Temperatur kommen weitere Faktoren hinzu, die die Fruchtproduktion beeinflussen und ebenfalls von den Klimabedingungen abhängen, etwa die Anwesenheit bestäubender Insekten, Wind für den Pollentransport bei windbestäubten Arten, ausreichend Feuchtigkeit zum Zeitpunkt der Pollenkeimung etc.

WACHSTUM UND REIFEN DER FRÜCHTE

Temperatur, Sonneneinstrahlung und die Versorgung mit Wasser sind die entscheidenden Faktoren für das Wachstum. Bei den Obstarten ist die Reifung der Früchte meist mit einer Verfärbung und einer Veränderung der Inhaltsstoffe verbunden. Forstwirte betrachten die Reifung als den Zeitpunkt, ab dem die Samen keimfähig sind. Da dieser Moment selten direkt zu beobachten ist, bringt man ihn mit anderen besser erkennbaren Kriterien in Verbindung. Für die phänologische Beobachtung wird daher die Reifung häufig mit der Veränderungen der Farbe von Zapfen, Schoten, Fruchthüllen etc. verknüpft.

Das Wachstum und die Reifung der Früchte hängen wesentlich von der Temperatur und der Wasserversorgung ab. Der Zeitraum, in dem die Früchte reifen, ist mit mehreren Risiken verbunden: So können die Früchte bei direkter Sonneneinstrahlung verbrennen, hohe Temperaturen können den Reifungsprozess negativ beeinflussen und Wasserstress kann dazu führen, dass die Früchte langsamer wachsen oder vorzeitig abfallen. Dies betrifft besonders die Weinrebe: Die Klimaerwärmung bewirkt eine frühe Blüte, wodurch die Trauben während immer heißeren und trockeneren Perioden ebenfalls früher reifen. Das ist nicht immer günstig für das Wachstum der Früchte und kann die Zusammensetzung der Inhaltsstoffe und damit den Geschmack beeinträchtigen.

BLATTALTERUNG

Für die laubabwerfenden Arten kennzeichnet die Blattalterung – die Seneszenz – das Ende der Vegetationsperiode. Sie zeigt das Ende der Assimilation von Kohlenstoff mithilfe der Fotosynthese an. Gleichzeitig beginnt die Pflanze, Stickstoffverbindungen aus den Blättern abzuziehen. Dies geht mit einer Veränderung der Blattfärbung einher. Das Chlorophyll, das die Blätter grün färbt, wird abgebaut, wodurch die anderen Pigmente in den Blättern sichtbar werden. Schließlich zieht der Baum auch diese Pigmente aus den Blättern ab. Die Seneszenz ist ein wichtiges Ereignis, der genaue Zeitpunkt ist jedoch manchmal schwer zu bestimmen.

Die Blattalterung hängt von verschiedenen Faktoren ab, von äußeren wie der Temperatur und der Tageslänge, aber auch von inneren Faktoren wie Hormonen. Eine teilweise Blattalterung kann in manchen Jahren bereits früh auftreten, etwa unter dem Einfluss von Trockenheit. Gelegentlich verfärben sich die Blätter erst und fallen dann ab, während Färbung und Laubfall in anderen Jahren nahezu gleichzeitig stattfinden. Manchmal verfärben sich auch nur einige Blätter und fallen rasch ab, während der Baum ansonsten noch länger gänzlich grün erscheint. Der Effekt der Klimaerwärmung auf die Blattalterung ist komplex. Bei ausgeprägter sommerlicher Trockenheit kann sie früher einsetzen. Höhere Temperaturen im Herbst können die Seneszenz aber auch verzögern. Das wiederum erhöht das Risiko von Frostschäden am Wachstumsgewebe, was zu Schäden oder gar zum Absterben des Baumes führen kann.

Was macht die Phänologie interessant?

Aufgrund der wachsenden Sensibilisierung für die Auswirkungen des Klimawandels seit den 1990er-Jahren wächst das Interesse an der Phänologie. Schon immer war das Klima auf der Erde Schwankungen ausgesetzt. Eine Rolle spielen beispielsweise astronomische Parameter, die den Lauf der Erde um die Sonne oder die Aktivität der Sonne beeinflussen, oder geologische Paramater wie die Plattentektonik, die die Position der Kontinente im Verlauf der Erdzeitalter bestimmten. Auch die chemische Zusammensetzung der Atmosphäre oder die Wechselbeziehung unserer Vegetation mit dem Klima spielen eine Rolle. Im Unterschied zu diesen Schwankungen vollzieht sich der vom Menschen verursachte Klimawandel jedoch rasant schnell. Die hohen Emissionen von Treibhausgasen (Kohlendioxid, Methan, Distickstoffmonoxid, halogenierte Kohlenwasserstoffe) durch Industrie und Privathaushalte haben dazu geführt, dass sich diese Stoffe seit mehr als 150 Jahren in der Atmosphäre ansammeln. Dort fangen sie die Infrarotstrahlen ab, die normalerweise von der Erde in Richtung Weltraum abgestrahlt werden, was zu einer Erwärmung führt. Dieses Phänomen ist gemeinhin als Treibhauseffekt bekannt.

Aufgrund des Treibhauseffekts ist die Temperatur in den letzten 100 Jahren weltweit durchschnittlich um 0,8 °C angestiegen. Die fünf global wärmsten Jahre seit Beginn der Wetteraufzeichnungen waren die Jahre 2014, 2015, 2016, 2017 und 2018. Da sich die natürlichen Klimaschwankungen und der Treibhauseffekt überlagern, kann es trotz des allgemeinen Trends auch immer wieder zu kühleren Jahren kommen.

In den letzten 20 Jahren haben zahlreiche Studien gezeigt, dass sich die Zeitpunkte des Auftretens phänologischer Ereignisse bei vielen Tier- und Pflanzenarten geändert haben. So treten die Ereignisse im Frühling, etwa die Blüten- oder Blattbildung, immer früher auf: in zehn Jahren durchschnittlich um zwei bis drei Tage (Parmesan & Yohe 2003), bei manchen Arten wie dem Apfel sogar um bis zu fünf Tage (siehe Kasten). Für den Herbst sind Verzögerungen in der Größenordnung von einem Tag pro Dekade zu beobachten, beispielsweise bei der Verfärbung der Blätter.

Wissenswertes +

WAS SAGEN DIE DATEN DER AMTLICHEN WEINLESEGENEHMIGUNG ÜBER DAS KLIMA DES LETZTEN JAHRTAUSENDS AUS?

Die Erforschung des Klimawandels benötigt lange Klimamessreihen, um das Klima der letzten Jahrzehnte mit der Klimageschichte in Beziehung setzen zu können. Dies ist schwierig, weil kaum meteorologische Aufzeichnungen von vor 1850 vorhanden sind, aus der Zeit vor der Mitte des 17. Jahrhunderts fehlen sie ganz. Unser Wissen über das Klima vor der Zeit meteorologischer Aufzeichnungen gründet sich auf die Analyse verschiedener Kennzeichen wie den Jahresringen, der Zusammensetzung der Luft, die im Eis eingeschlossen ist, oder auch auf historische Daten über den Vorstoß und den Rückzug von Gletschern, über die Weinlese- oder Erntetermine.

Die Aufzeichnungen der Entwicklung der Pflanzen, besonders der Kulturpflanzen wie z. B. Wein, geben hervorragende Hinweise auf die Temperatur. So kennzeichnet eine frühe Weinlese ein heißes Jahr, eine späte Lese steht für einen kühleren Sommer. In Frankreich

⋮

Reife Weintrauben

werden die Daten der Weinlese mindestens seit dem 18. Jahrhundert veröffentlicht. Noch heute legen die Weinlesegenehmigungen fest, ab welchem Datum mit der Lese begonnen werden darf. Diese Genehmigungen wurden archiviert und gehören heute in Bezug auf das Klima zu den Informationsquellen, die am weitesten zurückreichen und lückenlos erhoben wurden. Eine französische Forschergruppe hat die Weinlesetermine der 18 burgundischen Kommunen zusammengetragen und eine repräsentative Datenreihe für die Region Burgund von 1370 bis 2003 erstellt. Lediglich in Japan existieren noch ältere Daten: Traditionell wird die Blüte der Kirschbäume aufgezeichnet und diese Datenreihe reicht bis ins 11. Jahrhundert zurück (Aono & Kazui 2008).

Die Termine der Weinlese und auch die Fruchtreife von Bäumen und Sträuchern können mithilfe eines mathematischen Modells vorhergesagt werden, das als einzige Variable die Temperatur nutzt. Ein solches Modell wurde für die Traubensorte Pinot Noir entwickelt. Sie entstand im Burgund und ist dort bis heute die wichtigste Traubensorte. Die Datenreihe der Weinlese im Burgund spiegelt somit hauptsächlich den Zeitpunkt der Traubenreife der Sorte Pinot Noir wider.

Daten der Weinlesegenehmigung im Burgund seit 1370: jährlich (orange) und über zehn Jahre gemittelt (schwarz). (Nach Chuine et al. 2004)

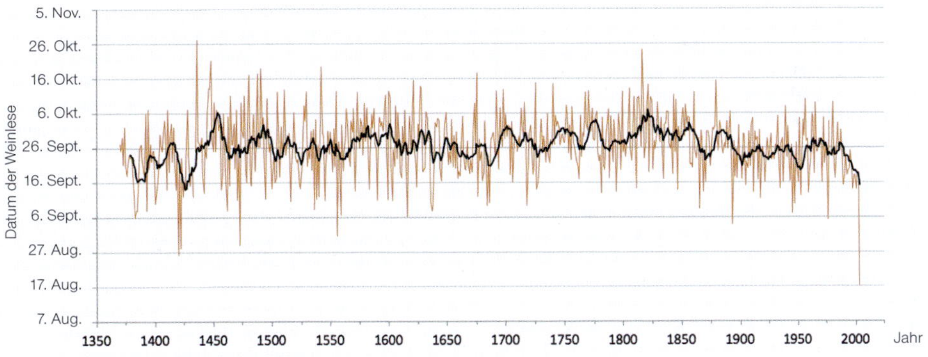

Ausgehend von den Terminen der Weinlese im Burgund konnten mit diesem Modell die Frühjahrs- und Sommertemperaturen ermittelt werden, die seit 1370 in dieser Region herrschten. Die rekonstruierten Temperaturen wurden mit anderen Temperaturserien verglichen, vor allem mit Sommertemperaturen, die man mithilfe von Jahresringen in Zentralfrankreich und im Burgund rekonstruiert hatte, sowie mit Sommertemperaturen, die in Paris (seit 1787), England und in den Alpen gemessen worden waren. Es zeigt sich, dass die rekonstruierte Temperaturserie besonders mit jener aus Paris vergleichbar war, sodass die Rekonstruktion der Temperatur mithilfe der Weinlesetermine im Burgund verlässlich erscheint.

Jährliche (blau) und über zehn Jahre gemittelte (schwarz) Temperaturunterschiede im Vergleich zur Referenzperiode 1960–1989. Als Daten für die Rekonstruktion der Temperatur dienten die Termine der Weinlesegenehmigung seit 1371. Betrachtet wurde der Zeitraum Frühling bis Sommer. (Nach Chuine et al. 2004)

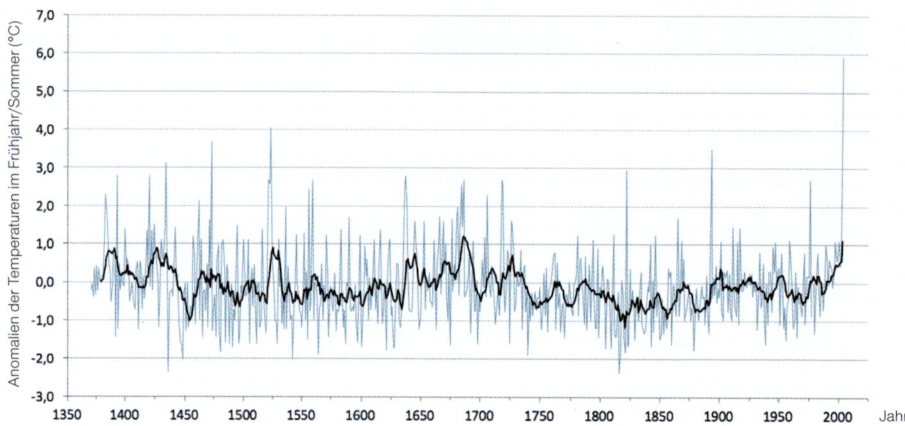

Die Temperaturrekonstruktionen zeigen, dass gegen Ende des 14. Jahrhunderts und zu Beginn des 15. Jahrhunderts sehr heiße Frühlings- und Sommertemperaturen herrschten, im Mittel war es 0,57–0,72 °C wärmer als im Vergleichszeitraum 1960–1989. Die sehr frühen Weinlesetermine in dieser Zeit stehen nicht in Verbindung mit historischen Ereignissen wie Kriegen oder Hungersnöten und entsprechen demnach den klimatischen Bedingungen. Dieser warme Zeitabschnitt steht mit der mittelalterlichen Warmzeit in Zusammenhang, die in Europa je nach Region Mitte des 13. bis Mitte des 14. Jahrhunderts endete. Es scheint also, dass die mittelalterliche Warmzeit im Burgund außergewöhnlich spät endete. Diesem warmen Zeitabschnitt folgte eine kältere Periode (im Mittel –0,45 °C), die sogenannte Kleine Eiszeit, die Mitte des 15. Jahrhunderts begann und bis in die 1970er-Jahre andauerte. Diese kältere Priode wurde zweimal von wärmeren Abschnitten unterbrochen, in den 1520er-Jahren und zwischen 1630 und 1680.

Die verschiedenen warmen Perioden von 1380, 1420, 1520 und 1630 bis 1680 ähneln den 1990er-Jahren. Das Jahr 2003 war der Wärmerekord seit 1370, denn es war 5,86 °C wärmer als normalerweise. Der vorige Rekord wurde 1523 gemessen, der Temperaturunterschied betrug 4,10 °C. Dies bestätigt die Einzigartigkeit des Jahres 2003, die bereits in vielen Studien beschrieben wurde. Aber so außergewöhnlich der Sommer 2003 auch war, die neuesten Klimamodelle sagen für die 2050er-Jahre ähnliche durchschnittliche Temperaturen voraus.

Diese Veränderungen im Rhythmus der Jahreszeiten stehen in direktem Zusammenhang mit dem Klimawandel. Wie bereits beschrieben sind es vor allem die höheren Temperaturen im Frühling, die eine immer frühere Blüte und einen früheren Laubaustrieb hervorrufen. Wenn die in der Knospe angelegten Blätter, Blüten und Triebe nach

Aufhebung der Endodormanz zu wachsen beginnen, schwillt die Knospe an und bricht schließlich auf. Dieses Wachstum geschieht umso schneller, je heißer es ist – je nach Art liegt das Optimum bei 20–30 °C, bei noch höheren Temperaturen verlangsamt es sich wieder.

Die verzögerte Blattalterung im Herbst steht ebenfalls im Zusammenhang mit der Klimaerwärmung. Damit die Pflanze den Alterungsprozess im Blattgewebe in Gang setzt, ist eine Absenkung der Temperatur nötig. In den letzten Jahren war es im Herbst länger wärmer, das Temperatursignal erfolgte somit später, was den Beginn der Seneszenz verzögerte. Für die Pflanze bedeutet das zunächst, dass sie länger Fotosynthese in den grünen Blättern betreiben kann und das Wachstum erst später einstellen muss.

Die Rekorde an winterlicher Wärme und sommerlicher Dürre der Jahre 2014, 2015 und 2016 haben zu Phänomenen geführt, die man nur als anormal bezeichnen kann. Waren bis dahin die phänologischen Ereignisse in etwa zur selben Zeit zu beobachten, kam es in diesen besonders warmen Jahren beispielsweise bei Arten, die normalerweise im Frühling blühen, zu einer Herbstblüte. Viele Bäume verfärbten sich während des Sommers und warfen ihr Laub ab. Für den Baum haben erfrorene Blüten und Blätter, ein Ausfall der Fruchtbildung, ein geringeres Wachstum und weniger Nährstoffreserven häufig verhängnisvolle Konsequenzen – bei Kulturpflanzen sind diese Konsequenzen oft mit wirtschaftlichen Ausfällen verbunden (siehe Kasten auf Seite 33).

Wissenswertes +

ENTWICKLUNG DES BLÜHZEITPUNKTS DER APFELBAUMSORTE 'GOLDEN DELICIOUS' IN EUROPA

Räumlich-zeitliche Entwicklung der Termine der Vollblüte (Stadium BBCH 65) des 'Golden Delicious' in vier europäischen Anbauregionen mit unterschiedlichem Klima

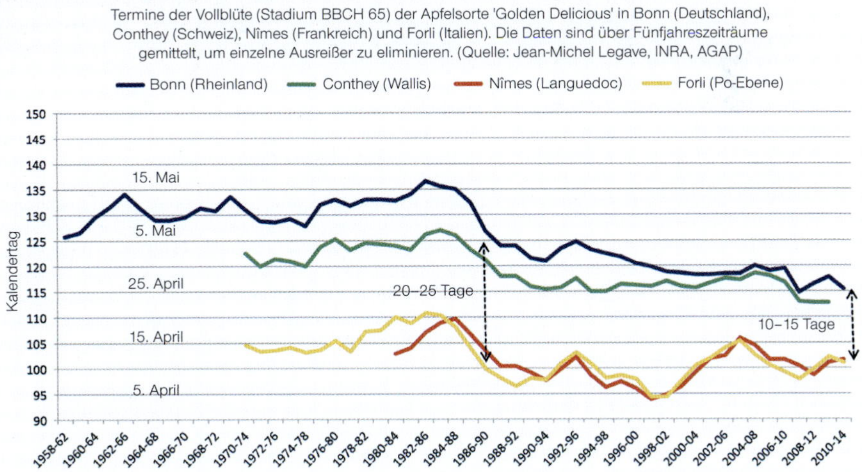

Die Kurve zeigt die Entwicklung der Termine der Vollblüte der Apfelsorte 'Golden Delicious' in vier Regionen Europas mit verschiedenen Klimazonen. Bonn (Rheinland) und Conthey (Wallis) haben ein kontinentales Klima, allerdings ist es in Bonn im Winter wärmer und im Frühling kälter als in Conthey, weshalb die Blüte in Bonn später eintritt als in Conthey. Die beiden Regionen haben Ende der 1980er-Jahre besonders im Frühling eine stärkere Erwärmung erfahren. In Nîmes und Forli herrscht ein mediterranes Klima und auch hier sind seit Ende der 1980er-Jahre der Frühling und der Winter wärmer geworden (jedoch in Nîmes stärker als in Forli). An beiden Orten schwanken die Blühtermine des Apfelbaums ähnlich, für Forli existiert jedoch eine längere Datenreihe als für Nîmes, was den Vergleich mit den Datenreihen des kontinentaleren Klimas erleichtert.

Entfaltete Apfelblüte

In den vier Regionen ist der Zeitpunkt für die Blüte des Apfelbaums 'Golden Delicious' bis zum Ende der 1980er-Jahre relativ unverändert (Legave et al. 2015). Danach fällt die Kurve ab. Bis etwa Mitte der 1990er-Jahre verlaufen die Schwankungen an den vier Standorten noch mehr oder weniger parallel, ab Ende der 1990er-Jahre werden regional deutliche Unterschiede sichtbar: Die Tendenz zur früheren Blüte setzt sich in Bonn fort, in Conthey pendelt sie sich eher auf einen Wert ein. In den mediterranen Orten verläuft die Entwicklung weiterhin fast parallel, aber mit deutlicheren Schwankungen: frühere Blüte bis zu Beginn der 2000er-Jahre, dann spätere Blüte und schließlich eher gleich bleibende Blühzeitpunkte. Statistisch scheint sich der Blütezeitpunkt seit dem Ende der 1980er-Jahre langsam und kontinuierlich vorzuverlagern, während diese Tendenz in Nîmes nicht beobachtet werden kann (Legave et al. 2015).

Hinzu kommt, dass sich in Bezug auf die Blühzeitpunkte die Unterschiede zwischen kontinentalem und mediterranem Klima verringern: In den vergangenen 25 bis 30 Jahren hat der Unterschied um ungefähr zehn Tage abgenommen. Für die Landwirtschaft ist dies insbesondere in Bezug auf den Erntetermin von Interesse, außerdem kann die frühere Blüte in kontinentalen Regionen ein erhöhtes Frostrisiko nach sich ziehen.

Wissenswertes +

Reife Aprikosen

AUSWIRKUNG DES KLIMAWANDELS AUF DIE PHÄNOLOGIE UND PRODUKTIVITÄT VON APRIKOSENBÄUMEN

Die Aprikosenproduktion in Frankreich zeigt über einen Zeitraum von nahezu 60 Jahren drei gut unterscheidbare Perioden:

- In den 1960er- und 1970er-Jahren kam es zu erheblichen Produktionsschwankungen, die durchschnittliche Jahresproduktion betrug etwa 90 000 Tonnen auf einer Fläche von etwa 20 000 Hektar, das sind 4,5 Tonnen pro Hektar. Zu dieser Zeit wurden Aprikosen vor allem im traditionellen Obstgarten angebaut, die relativ extensiv bewirtschaftet wurden. Man verwendete alte, regionale Sorten, die unterschiedlich krankheitsresistent waren und unterschiedlich empfindlich auf Temperaturschwankungen reagierten.

- Während der 1980er-Jahre schwankte die jährliche Produktion deutlich weniger und die durchschnittliche Produktionsmenge stieg an (durchschnittlich 100 000 Tonnen). In dieser Übergangszeit von etwa zehn Jahren verschwanden die traditionellen Obstgärten, an ihre Stelle traten professionell und intensiv bewirtschaftete Obstplantagen.

- Seit Mitte der 1990er-Jahre sind die jährlichen Produktionsschwankungen wieder deutlicher, aber mit einer erheblich höheren durchschnittlichen Produktion (durchschnittlich 145 000 Tonnen pro Jahr). Der Anbau wurde weiter intensiviert und gleichzeitig die Anbaufläche reduziert: Auf einer Fläche von ungefähr 12 500 Hektar werden nahezu 12 Tonnen pro Hektar geerntet. Die jährlichen Produktionsschwankungen bleiben trotzdem besorgniserregend, denn sie sind an die Klimabedingungen gekoppelt, die die Phänologie des Aprikosenbaums beeinflussen. Die schwächsten Jahre sind verbunden mit widrigen Klimabedingungen während der Dormanz (zu hohe Temperaturen) und der Blüte (Frostschäden aufgrund einer zu frühen Blüte), was zu einem verringerten Fruchtansatz führt. Der Wechsel der Bewirtschaftungsart und die Züchtung neuer Sorten haben demnach die Produktivität erhöht, das Risiko durch ungünstige klimatische Bedingungen aber nicht verringert. Um dieses Problem in den Griff zu bekommen, sollte die Frühjahrsphänologie bei der Züchtung neuer Sorten ein Auswahlkriterium darstellen. Hierfür ist es essenziell, die Beziehungen zwischen Klima und Phänologie zu erforschen.

Entwicklung der Produktion von Aprikosen in Frankreich seit 1961.
(Quelle FAOSTAT Agreste, Jean-Michel Legave, INRA, AGAP)

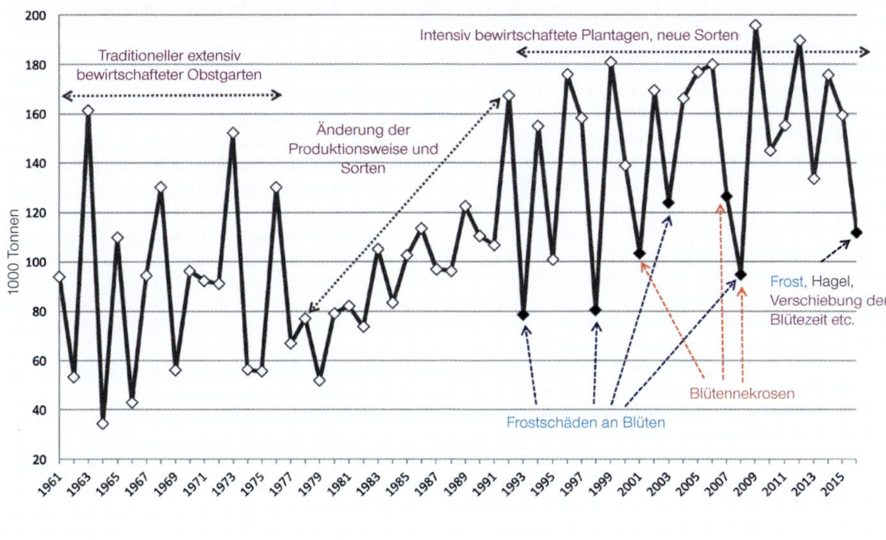

Frostschaden an jungen Eichenblättern

Auswirkungen der phänologischen Veränderungen

Die zuvor beschriebenen phänologischen Veränderungen aufgrund des Klimawandels haben wichtige Auswirkungen auf die Nahrungsketten, die Dynamik innerhalb von Tier- und Pflanzengesellschaften, die Funktionsweise der Ökosysteme und die geografische Verbreitung der Arten. Die im Folgenden vorgestellten Fälle sind dafür gute Beispiele.

Die Zeitpunkte der Blattbildung und der Herbstfärbung bestimmen, wie viel Zeit der Pflanze zur Verfügung steht, um mithilfe der Fotosynthese Kohlenhydrate zu produzieren. Diese Kohlenhydrate braucht sie, um zu wachsen und sich fortzupflanzen. Bei Waldbäumen hat die frühere Blattbildung dazu beigetragen, dass in den vergangenen 30 Jahren die Holzproduktion in den Wäldern gestiegen ist. Verringern sich während der Wachstumsphase der Bäume jedoch gleichzeitig mit den höheren Temperaturen die Niederschläge, kommt es besonders bei laubabwerfenden Arten häufig zu Wasserstress und dadurch zu Wachstumsminderungen. Der positive Effekt einer Verlängerung des Wachstumszeitraums kann dann durch Trockenheit aufgehoben werden. Dieser Situation begegnet man vor allem in südlichen Regionen, zunehmend aber auch im Norden.

Auch auf die Nahrungsketten nimmt das Klima Einfluss, denn welche Schäden ein Fressfeind verursacht, ist oft vom Entwicklungsstadium des Wirtes abhängig. Ein Beispiel ist die Wechselwirkung zwischen der Eiche, dem Kleinen Frostspanner (einem Schmetterling) und der Kohlmeise. Die Meise legt etwa im Mai ihre Eier. Nachdem die Jungen geschlüpft sind, füttern die Eltern sie unter anderem mit jungen Raupen. Die Raupen sind kurz zuvor selbst geschlüpft und ernähren sich von jungen Eichenblättern, die etwa zum gleichen Zeitpunkt erscheinen. Später, wenn die Raupen älter sind, fressen sie auch die älteren Eichenblätter und die jungen Vögel ihrerseits fressen die größeren Raupen. Wenn sich die Raupen schließlich verpuppen, haben die Jungvögel ihr Wachstum beendet und verlassen das Nest.

Diese kurze Nahrungskette funktioniert nur, wenn sich die drei Arten gleichzeitig entwickeln. Jedoch hat der Klimawandel dieses Gleichgewicht gestört. Die Eiche bildet mittlerweile ihre jungen Blätter oft mehr als 14 Tage früher. Die Raupen des Kleinen Frostspanners schlüpfen ebenfalls etwa 14 Tage früher. Die Kohlmeise hingegen hat ihre Eiablage nicht um 14 Tage verschoben. Wenn die jungen Vögel aus ihren Eiern schlüpfen, sind daher die Raupen oft bereits zu groß, als dass sie als Nahrung dienen könnten. Dann können die Meisen ihre Jungen nicht optimal ernähren, die Nestlingssterblichkeit steigt und die Populationsdichte der Meise nimmt ab. Solche Störungen zeitlich aufeinander abgestimmter Vorgänge innerhalb von Nahrungsketten ereignen sich zurzeit im gesamten Tier- und Pflanzenreich. Doch werden auch Anpassungen beobachtet. So legen die Meisen im Süden Frankreichs ihre Eier inzwischen früher. Warum manchen Populationen dies gelingt und anderen nicht, ist noch unklar. Phänologische Beobachtungen an möglichst vielen Arten und unter verschiedenen klimatischen Bedingungen können zur Aufklärung beitragen.

Kohlmeise mit Raupe im Schnabel

Das Überleben der Pflanzen hängt stark davon ab, wie gut es ihnen gelingt, den jährlichen Entwicklungszyklus zu durchlaufen, dies umso mehr, je stärker Überleben und Fortpflanzungserfolg von der Temperatur abhängen. Laubabwerfende Bäume wie Eiche und Buche beispielsweise entfalten ihre neuen Blätter im Frühling. Kommt es danach noch einmal zum Frost, werden die jungen Blätter beschädigt und sind nicht funktionsfähig. Kann der Baum innerhalb der kommenden Wochen neue Blätter bilden, ist dies kein Problem – schafft er das nicht, ist die Frostperiode fatal. Damit die Zellen im Inneren der Knospe wachsen können, brauchen sie Energie. Diese stellt der Baum bereit, indem er seine Reserven anzapft – schließlich hat er noch keine Blätter und kann somit keine Fotosynthese betreiben. Muss der Baum nach dem Frost neu austreiben, muss er erneut Energie bereitstellen, wodurch die Reserven schwinden. Hinzu kommt, dass die Saison nun schon fortgeschritten ist. Die Zeit, die für die Fotosynthese zur Verfügung steht, ist somit kürzer, sodass der Baum weniger Nährstoffe speichern kann als in normalen Jahren. Kommen nun weitere Stressfaktoren hinzu, etwa Trockenheit im Sommer oder Schädlingsbefall, ist der Baum evtl. zu sehr geschwächt, um den erneuten Stress zu überstehen.

Die Blüte ist ebenfalls ein wichtiges Ereignis. Wenn ein Baum zu spät blüht, bleibt unter Umständen nicht mehr genug Zeit, damit die Früchte wachsen und reifen. Dies gilt insbesondere in Regionen mit kurzer Vegetationsperiode. Auch die Reifung der Früchte hängt in großem Maß von der Produktion von Zucker in den Blättern ab. Somit spielt die Zeit, die für die Fotosynthese zur Verfügung steht, auch eine bedeutende Rolle bei der Fortpflanzung und Ausbreitung einer Art. Je früher die Blüte erfolgt, desto höher ist die Wahrscheinlichkeit, dass die Früchte ihre optimale Wachstums- und Reifephase erreichen – sofern die Blüten und die jungen Früchte die Frühlingsfröste überstanden haben.

Treten während wichtiger Entwicklungsstadien wie Laubaustrieb oder Blüte Stresssituationen wie Frost, Dürre oder Hitze auf, so kann dies bei allen Pflanzen, unabhängig von der Art, die Fortpflanzung und das Überleben bedrohen. Wie am Beispiel der Kohlmeisen und Frostspanner gezeigt, kann sich die durch Klimaeinflüsse veränderte Phänologie auch auf Tiere auswirken. Dies geschieht vorwiegend über die Nahrungskette.

Diese Buche hat wegen eines Frostschadens im Frühling ein zweites Mal ausgetrieben.

Erwin Ulrich

Prognosen: Blick in die Zukunft

Forschergruppen haben mit der Entwicklung von Modellen begonnen, die die Phänologie von Tieren und Pflanzen abbilden. Ziel ist, die Auswirkungen des Klimawandels auf die Biodiversität und die Funktionsweise der Ökosysteme abschätzen zu können. Um ein lebendes System modellieren zu können, muss man es gut kennen. Darum sind in den letzten Jahren weltweit viele Beobachtungsstellen und Forschungsprogramme zur Phänologie entstanden. Mithilfe der gesammelten Daten wird erforscht, welche Umweltfaktoren (Temperatur, Tageslänge, Lichtqualität, Wasserverfügbarkeit etc.) die Entwicklung einer Pflanze in Gang setzen. Sobald die Mechanismen geklärt sind, werden sie in mathematische Formeln übersetzt, um daraus theoretische Modelle zu entwickeln. Diese können genutzt werden, um Prognosen zu erstellen und um Daten für das Auftreten phänologischer Stadien zu berechnen.

Bereits existierende Modelle prognostizieren, dass die phänologischen Ereignisse im Frühling in den meisten Regionen immer früher auftreten werden: bis 2100 um bis zu 20 Tage bei einer mittleren Erwärmung von 2,6 °C. Allerdings könnte in den südlichen Regionen auf die Phase des früheren Auftretens eine Phase der Stagnation folgen und danach ein späteres Auftreten der phänologischen Ereignisse im Frühling, eventuell könnten sie ab den 2050er-Jahren in manchen Gebieten sogar ganz ausbleiben. Die Grafik unten zeigt die Daten in Bezug auf das Ende der Knospenruhe und die Blüte des Aprikosenbaums an zwei unterschiedlichen Standorten. Fehlende Kälte im südlicheren Perpignan könnte dazu führen, dass die Knospenruhe nicht unterbrochen wird und der Baum in der Folge nicht blüht.

Ende der Knospenruhe und Blüte der Aprikose 'Rouge du Roussillon' in Perpignan und Clermont-Ferrand zwischen 1950 und 2100 (gemäß phänologischem Modell und Klimaszenario RCP 8.5). In Clermont-Ferrand wird die Knospenruhe immer später aufgehoben, dennoch tritt die Blüte immer früher ein. In Perpignan wird die Blüte nach den 2050er-Jahren immer später erscheinen, ab den 2070er-Jahren kommt es zu Jahren ohne Blüte. Grund ist, dass in Perpignan aufgrund höherer Temperaturen im Winter der Kältereiz fehlt, der zur Aufhebung der Knospenruhe notwendig ist. Hingegen reicht die Kälte in Clermont-Ferrand für die Aufhebung der Knospenruhe bis zum Jahre 2100 noch aus. (Nach Chuine et al. 2016)

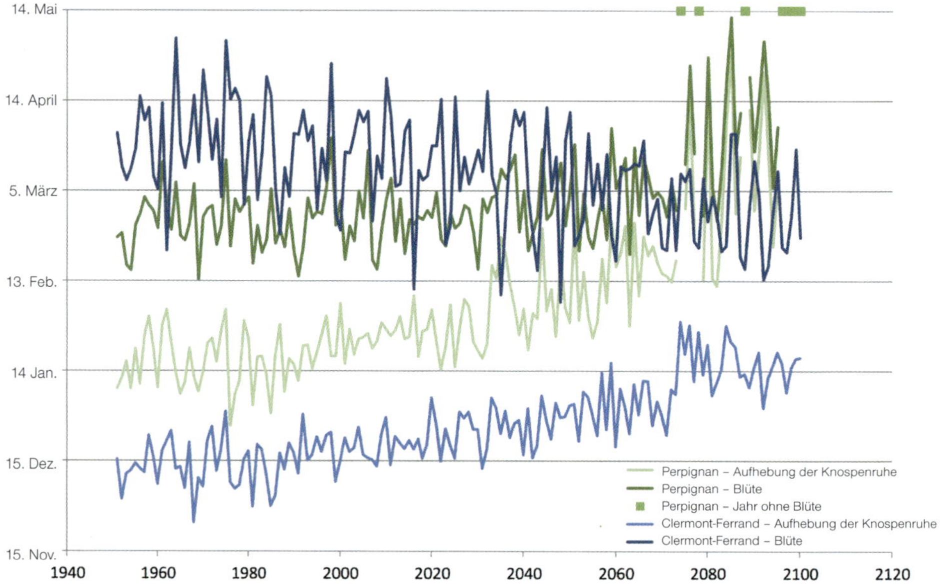

Wissenswertes +

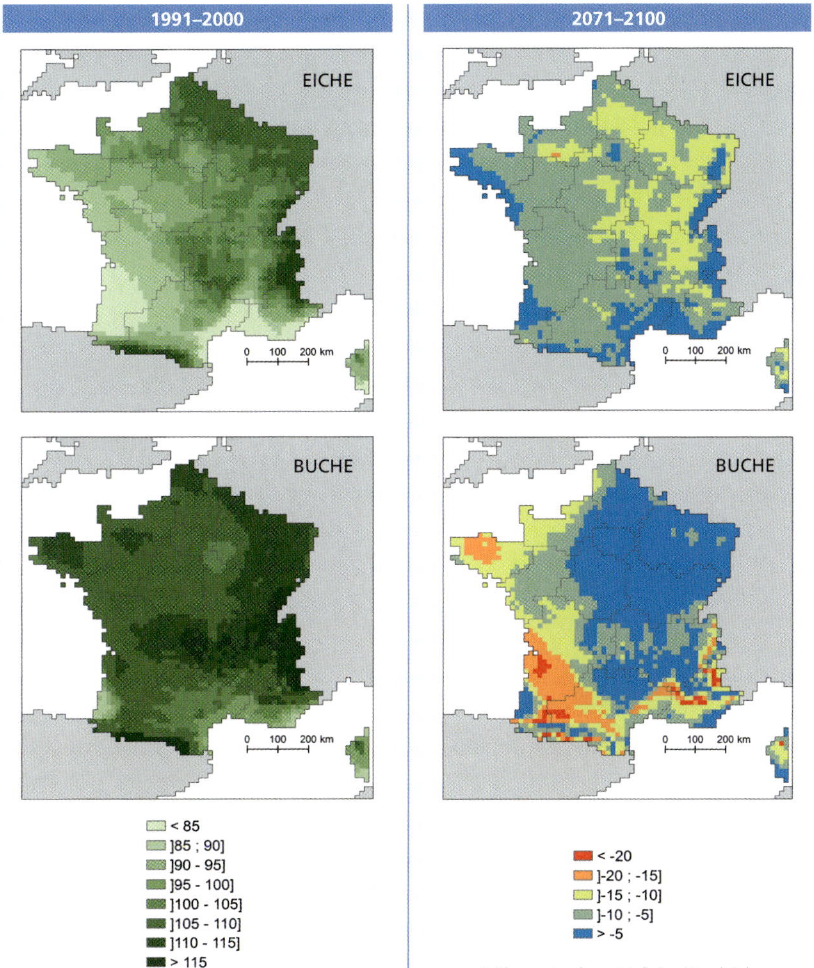

Zeitpunkt des Laubaustriebs (Kalendertag)

Früherer Laubaustrieb im Vergleich zu 1991–2000 (Anzahl Tage)

Die beiden Karten links zeigen den durchschnittlichen Zeitpunkt des Laubaustriebs (Stadium BBCH 09) der Eiche (Trauben- und Stiel-Eiche) und der Buche in Frankreich zwischen 1991 und 2000, dargestellt in Kalendertagen. Die verwendeten phänologischen Modelle wurden mit Datenmaterial des Netzwerks der Waldgebiete ONF RENECOFOR kalibriert. Die beiden Karten rechts zeigen Prognosen für den Laubaustrieb in den Jahren 2071–2100. Hier ist dargestellt, um wie viele Tage das Laub im Vergleich zum Zeitraum 1991–2000 früher austreiben wird. Diesen Prognosen liegen die Klimabedingungen gemäß Klimaszenario A2 und Klimamodell HadCMe des Hadley Centre zugrunde, die je nach Jahreszeit eine mittlere Erwärmung von 2–3 °C annehmen. Die Prognosen wurden für ganz Frankreich erstellt, unabhängig davon, ob die Art wirklich überall verbreitet ist. Die Daten der Trauben- und der Stiel-Eiche wurden zusammengefasst, da beide Arten zum selben Zeitpunkt austreiben. (Nach Lebourgeois et al. 2010).

Die Karten verdeutlichen vor allem zwei wichtige Punkte: Zum einen findet der Laubaustrieb der Buche früher statt und variiert von Jahr zu Jahr und von Region zu Region stärker.

Zum anderen verändern sich die Daten in der Langzeitprognose bei der Buche anders als bei den Eichen.

Die Buchen treiben im Mittel später aus als die Eichen: 1. Mai (Tag 121) bei den Buchen und 21. April (Tag 111) bei den Eichen. Der Laubaustrieb ist bei den Buchen von einer Region zur anderen auch weniger variabel. Der früheste Zeitpunkt war der 7. April (Tag 98), der späteste der 6. Juli (Tag 188) – bei den Eichen der 18. März (Tag 78) und der 13. Juli (Tag 195). Auch von Jahr zu Jahr variieren die Daten bei den Buchen weniger. Grund dafür ist, dass die Knospen der Buchen sehr viel sensibler auf die sich ändernde Tageslänge reagieren als die der Eichen (Zohner et al. 2016), auch wenn die Temperatur bei beiden als wichtigster Faktor die Entwicklung der Knospen steuert.

In den Prognosen verschieben sich die Zeitpunkte des Laubaustriebs bei beiden Arten unterschiedlich stark. Bei den Buchen kommt es zu deutlich früheren Austriebszeitpunkten als bei den Eichen, in einigen Regionen sind es mehr als 20 Tage. Auch scheinen die Entwicklungstendenzen geografisch vertauscht: Bei den Buchen findet sich der früheste Laubaustrieb im Süden und Westen, bei den Eichen ist es umgekehrt. Diese Ergebnisse zeigen, dass nicht jede Art auf gleiche Weise auf die veränderten Klimabedingungen reagieren wird. Da bisher zu wenige Daten vorliegen, ist es schwierig, allgemeine Aussagen zu treffen.

Die phänologischen Modelle werden genutzt, um die Reaktionsweise einzelner Organismen ebenso wie ganzer Ökosysteme zu erforschen. Im Hinblick auf Kulturpflanzen können die Prognosen wichtige Hinweise liefern, beispielsweise auf künftige Erntezeitpunkte, die Produktivität der Wälder, die geografische Verbreitung der Arten oder die Ausbreitung von Schädlingen.

Neben den jahreszeitlichen Rhythmen verändert der Klimawandel auch die geografische Verbreitung der Arten. In den letzten Jahren wurden viele Fälle dokumentiert, vor allem bei Tieren, aber auch bei Pflanzenarten. In einer großen Studie haben Forscherinnen und Forscher aus elf Ländern die Bergflora erforscht und festgestellt, dass immer mehr Arten aus tieferen Lagen in Richtung Gipfel wandern (Steinbauer et al. 2018). Zwei französische Studien, in denen ältere und neuere botanische Aufzeichnungen über die Flora der französischen Berge verglichen wurden, stellten fest, dass seit 1985 Arten aus tieferen Höhenlagen aufgestiegen sind, und zwar im Mittel um 66 Meter (Lenoir et al. 2008, Bodin et al. 2013). Bei den Bäumen ist die Höhengrenze der Buche (*Fagus sylvatica*) in Katalonien mehrere Dutzend Meter angestiegen (Penuelas & Boada 2003), eine Tendenz, die auch die Amerikanische Espe (*Populus tremuloides*) in den Rocky Mountains (Elliott & Baker 2004) zeigt, ebenso die Kanadische Fichte (*Picea glauca*) in Kanada und Alaska (Lloyd & Fastie 2003) sowie in Skandinavien die Wald-Föhre (*Pinus sylvestris*), der Vogelbeerbaum (*Sorbus aucuparia*), die Gewöhnliche Fichte (*Picea abies*), Moor-Birke (*Betula pubescens*) und Weide (*Salix* spp.) (Kullman 2002).

Auch in Richtung der Pole breitet sich die Vegetation aus. Verschiebungen der nördlichen Verbreitungsgrenze wurden beispielsweise für die Dreh-Kiefer (*Pinus contorta*) und die Gewöhnliche Stechpalme (*Ilex aquifolium*) dokumentiert (Johnstone & Chapin 2003, Walther et al. 2005). Weltweit haben 40 % aller Arten (Tiere und Pflanzen), die im 20. Jahrhundert wissenschaftlich erforscht wurden, ihre Verbreitungsgebiete verschoben, und zwar mit etwa 6,1 Kilometern pro Jahrzehnt in Richtung Pole sowie mit 6 Metern pro Jahrzehnt in Richtung Berggipfel (Parmesan & Yohe 2003).

Der Zeitpunkt des Auftretens phänologischer Schlüsselstadien, etwa Blattentfaltung oder Blüte bei einem Baum, beeinflusst stark die Überlebenschancen des Baumes und seinen Fortpflanzungserfolg, d.h. seine Fähigkeit, keimfähige Samen zu produzieren. Seit etlichen Jahren untersuchen Forschergruppen den Zusammenhang zwischen Phänologie und Verbreitungsgebiet der Pflanzen- und Tierarten. Im Zuge dieser Arbeiten sind Modelle entstanden, mit denen die Antwort verschiedener Arten auf unterschiedliche Umweltbedingungen simuliert werden kann. Diese Modelle ermöglichen es, entsprechend den vor Ort herrschenden Klima- und Bodenverhältnissen den Zeitpunkt phänologischer Stadien zu prognostizieren. Sie werden außerdem dazu genutzt, um die Widerstandsfähigkeit gegenüber Trocken- und Hitzestress zu testen. Damit die Modelle zuverlässig funktionieren, müssen sie auf möglichst vielen Daten basieren. Leider liegen diese wissenschaftlichen Daten nur für wenige Arten vor. Die Entwicklung solcher Modelle ist jedoch entscheidend, um abschätzen zu können, wie sich die Pflanzengesellschaften in den kommenden Jahrzehnten neu ordnen könnten.

Nach dem aktuellen Kenntnisstand prognostizieren die Modelle, dass die Arten sich weiterhin in Richtung Pole und Berggipfel bewegen werden (Abbildungen A und B auf der folgenden Seite), aber von Art zu Art mit einer sehr unterschiedlichen Geschwindigkeit je nach ihrer Fähigkeit zur Migration. Gleichzeitig könnten sie zumindest lokal im südlichen Teil ihres heutigen Verbreitungsgebietes verschwinden. Naturgemäß können sich Pflanzen, insbesondere Bäume, verglichen mit der Geschwindigkeit des Klimawandels nur langsam ausbreiten. Deshalb werden sie wahrscheinlich nicht schnell genug neue Gebiete besiedeln, die mittlerweile gute Standorte für sie darstellen würden, gleichzeitig könnten sie aus weiten Teilen ihres aktuellen Verbreitungsgebietes verschwinden (Meier et al. 2012).

Tiere und Pflanzen haben im Wesentlichen zwei Wege, auf den Klimawandel zu reagieren: Migration und Anpassung. Sie können Gebiete verlassen, in denen die klimatischen Bedingungen unvereinbar mit ihren physiologischen Bedürfnissen sind, und neue Räume besiedeln. Und sie können sich genetisch an die neuen Bedingungen anpassen, vor allem durch die natürliche Auslese. Alle Arten nutzen im Grunde genommen beide Wege, je nach Art mag aber der eine stärker ausgeprägt sein als der andere. Zum Beispiel können sich jene Arten genetisch schneller an neue Klimabedingungen anpassen, die eine kürzere Generationszeit und innerhalb einer Population eine größere genetische Variabilität haben. Auch ein hoher Selektionsdruck wird die Anpassung beschleunigen, außerdem beeinträchtigt der Klimawandel manche Arten mehr, andere weniger stark.

Arten wie die Mücken sind in der Lage, sich extrem schnell an Klimaveränderungen anzupassen (Bradshaw & Holzapfel 2001), während Bäume aufgrund ihrer langen Generationszeit etwa ein Jahrhundert später folgen werden (Savolainen et al. 2004). Es ist unübersehbar, dass die aktuelle Geschwindigkeit des Klimawandels es den Arten mit langer Generationszeit unmöglich macht, sich genetisch durch natürliche Selektion anzupassen. Andererseits ist bekannt, dass viele Bäume eine beachtliche ökologische Toleranz besitzen, die es ihnen erlauben könnte, sich auch unter ungünstigeren Bedingungen zu behaupten.

PROGNOSTIZIERTE ENTWICKLUNG DER GEOGRAFISCHEN VERBREITUNG DER BUCHE IN EUROPA BIS 2100 GEMÄSS DEM KLIMASZENARIO A1FI (+ 6 °C). (Nach Saltré et al. 2015)

ABBILDUNG A

In dieser Simulation wurden die Fähigkeit der Buche zur Migration und ihre Populationsdynamik nicht berücksichtigt. Die beobachteten Veränderungen hängen allein mit dem Klimawandel zusammen. Rot: Buchen sind ausgestorben, gelb: Buchen kommen seltener vor, grün: Buchen kommen häufiger vor, blau: mögliche neue Verbreitungsgebiete.

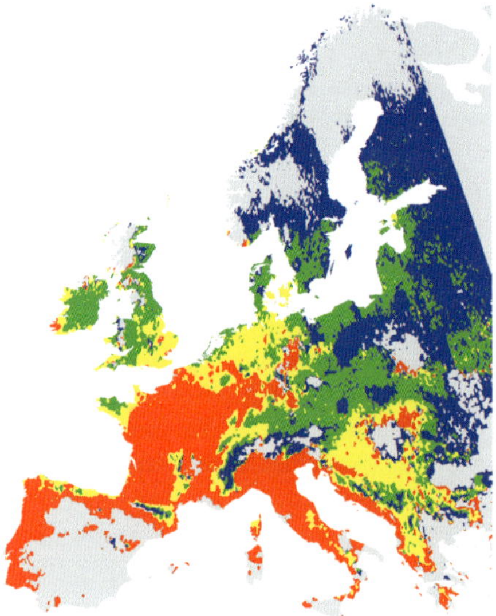

ABBILDUNG B

In dieser Simulation wurden die Landnutzung (gemäß dem Szenario GRASS), die Migration der Buche und ihre Populationsdynamik berücksichtigt. Rot und orange: Buchen sind ausgestorben, gelb: Rückgang der Populationsdichte, grün: Anstieg der Populationsdichte, blau: noch nicht besiedelte neue Verbreitungsgebiete, schwarz: besiedelte neue Verbreitungsgebiete.

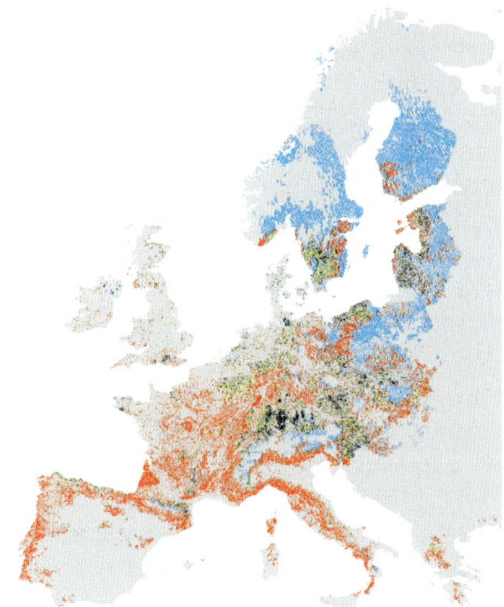

Aus allen diesen Gründen gehören die jahreszeitlichen Rhythmen und phänologischen Ereignisse heute zu den wichtigsten Variablen der Biodiversität. Es ist essenziell, die aktuelle biologische Vielfalt und die Funktionsweise der Ökosysteme zu erforschen, um die künftige Entwicklung prognostizieren zu können. Wissenschaftler bemühen sich seit etlichen Jahren, alle taxonomischen Gruppen zu erfassen, die Daten in Datenbanken zu sammeln und die phänologischen Daten zu analysieren.

Austrieb der Buche im Frühling in den Vogesen

Geben Sie Ihren Beobachtungen einen Sinn

EINER GRUPPE VON BEOBACHTERN BEITRETEN

Was der jährliche Entwicklungszyklus der Pflanzen und Tiere für ihre Anpassung an die Umwelt, ihre Fähigkeit zu überleben und sich fortzupflanzen bedeutet, haben Forschungen erst kürzlich ans Licht gebracht. Die Phänologie ist somit wieder ins akademische Umfeld zurückgekehrt und die Wissenschaftler setzen alles daran, Daten von möglichst vielen Tier- und Pflanzenarten zu sammeln. Gerade in der Phänologie werden Citizen-Science-Programme weltweit immer wichtiger. Citizen Science, auch Bürgerwissenschaften genannt, ist eine Form der partizipativen Wissenschaft, bei der Projekte von Laien unterstützt oder komplett in Eigenregie durchgeführt werden. Den Laien bietet sich die Möglichkeit, die wissenschaftliche Arbeitsweise kennenzulernen und sich über die Aspekte der Phänologie und des Klimawandels zu informieren. Die Forschung erhält die Unterstützung ehrenamtlicher Mitarbeiter und kann die Gesellschaft für die Folgen des Klimawandels sensibilisieren.

In Deutschland existieren verschiedene Citizen-Science-Programme (www.buergerschaffenwissen.de) und auch der Deutsche Wetterdienst DWD sammelt Daten mithilfe von ehrenamtlichen Sofortmeldern (www.dwd.de, Stichwort Phänologie). Das Projekt Naturgucker ist ein großes, internationales Netzwerk für alle Tier-, Pflanzen- und Pilzbeobachtungen (www.naturgucker.info). In der Schweiz existiert mit PhaenoNet (www.phaenonet.ch) eine Plattform, auf der phänologische Daten gemeldet werden können. Die Internetplattform ist eine Zusammenarbeit des Bundesamts für Meteorologie und Klimatologie MeteoSchweiz, der ETH Zürich und des Schulbildungsprogramms GLOBE Schweiz. In Österreich bietet die Zentralanstalt für Meteorologie und Geodynamik mit Phenowatch (www.phenowatch.at) einen ähnlichen Dienst an.

PHÄNOLOGISCHE BEOBACHTUNG ALS PÄDAGOGISCHES WERKZEUG

Die Natur im Jahreslauf zu beobachten, ist eine Möglichkeit, die Natur spielerisch und zugleich umfassend zu entdecken. Phänologische Beobachtungen erfordern Geduld und eine gute Beobachtungsgabe. Sie eignen sich hervorragend, um die wissenschaftliche Herangehensweise kennenzulernen.

Laien können sich mit der Phänologie vielen Aspekten der Biologie nähern. Sie erweitert die Artenkenntnis und das Wissen um die jahreszeitlichen Entwicklungszyklen, die Funktionsweise von Pflanzen, die Anpassung von Arten an das Klima und vieles mehr. Aber auch die Grundlagen der Physik (z. B. Temperatur), der Meteorologie und Klimatologie werden gestreift. Für Schulen beispielsweise bieten sich phänologische Projekte an, da das Thema von gesellschaftlicher Relevanz ist und gleichzeitig das Wissen aus Unterrichtsfächern wie Biologie oder Physik Anwendung findet. Interessierte Lehrer, aber auch Einzelpersonen, die ihre phänologische Beobachtung einem pädagogischen Projekt zur Verfügung stellen möchten, finden auf den oben genannten Webseiten Hilfsmittel und Anregungen.

Besonders im Frühling und Herbst können Kinder auf spielerische Art die Jahreszeiten und den Jahresrhythmus der Pflanzen entdecken.

Phänologische Beobachtungen – so gehen Sie vor

- Aufbau der phänologischen Steckbriefe
- Beobachtungsprotokoll
- Empfehlungen zur Durchführung der Beobachtungen

Aufbau der phänologischen Steckbriefe

Jede Art wird in einem Steckbrief vorgestellt, der zunächst kurz das Aussehen und die Ökologie beschreibt. Fotos zeigen die wichtigsten phänologischen Stadien. Für bestimmte Arten wird ein Kalender der Hauptstadien angefügt. Bei einigen Gattungen (z. B. *Acer* oder *Quercus*) ähneln sich die einzelnen Arten sehr. In diesen Fällen wird nur eine Art genau beschrieben, bei den übrigen findet sich ein Seitenverweis. Bei den im Foto abgebildeten Stadien sind jene hellbeige unterlegt, die von Wissenschaftlern wie Laien am häufigsten beobachteten werden. Die Liste der Arten findet sich im Register (ab Seite 270).

Beobachtungsprotokoll

Phänologische Beobachtungen durchzuführen erfordert Methode und Übung. Im Folgenden wird ein Vorgehen geschildert, das auch Wissenschaftler verwenden.

1. SCHRITT : WAHL DES BEOBACHTUNGSGEBIETES

Das Beobachtungsgebiet muss leicht zugänglich sein, das heißt, Sie sollten es regelmäßig – mindestens einmal pro Woche während des Beobachtungszeitraums – aufsuchen können. Auch muss es mehrere Jahre lang zugänglich sein. Es eignen sich beispielsweise Gärten, Parkanlagen, städtische Baumreihen, Wälder oder Wiesen. Bei Gehölzen (Bäume, Sträucher) beobachten Sie jedes Individuum. Bei krautigen Pflanzen betrachten Sie die Gesamtheit einer Fläche von ungefähr 20 m^2. Notieren Sie immer die geografischen Koordinaten des Beobachtungsgebietes, also Höhe über dem Meer, Längen- und Breitengrade. Diese Informationen finden sich für jeden Ort im Internet. Zudem ist es hilfreich, den Lebensraum exakt anzugeben, in dem die Beobachtungen vorgenommen werden, etwa Wald, Garten, Wiese, Hecke, Straßenbäume, städtisches Gebiet, ländliche Gegend etc.

2. SCHRITT: WAHL DER ZU BEOBACHTENDEN ARTEN

Suchen Sie aus den in diesem Buch beschriebenen Arten jene aus, die Sie in einem Beobachtungsgebiet in Ihrer Nähe vorfinden. Vorzugsweise ist jede Art mit mindestens zwei Individuen vertreten. Bestimmen Sie die Arten mithilfe der Steckbriefe in diesem Beobachtungsführer. Jedes Individuum wird geortet, nummeriert und getrennt notiert. Auch die Individuen einer Art unterscheiden sich genetisch leicht von den Nachbarn und können somit eine eigene Phänologie zeigen. Auch kann je nach Standort ein anderes Mikroklima herrschen (z. B. durch den Schattenwurf eines Hauses oder eine dem Wind ausgesetzte Lage), sodass sich selbst nah beieinander stehende Bäume phänologisch manchmal unterscheiden. Ausnahmen können Obstarten der gleichen Sorte oder Zierarten bilden, wenn sie von exakt demselben Klon abstammen.

Beobachten Sie jedes Jahr dieselben Pflanzen. Falls eine Pflanze verschwindet, wählen Sie ein neues Individuum aus und vergeben eine neue Nummer. Bei Gehölzen hilft es, die einzelnen Bäume oder Sträucher zu markieren, zu fotografieren oder auf einem Plan einzuzeichnen. Bei krautigen Arten kann das beobachtete Areal eingezäunt werden, um sicherzustellen, dass alljährlich die gleiche Population überwacht wird.

3. SCHRITT: BEOBACHTUNGEN DURCHFÜHREN

Bei bestimmten Ereignissen wie Blattbildung, Blüte, Fruchtreife und Seneszenz sollten die Beobachtungen mindestens einmal pro Woche erfolgen, falls möglich sogar häufiger (zwei- bis dreimal). Manche Stadien werden sehr schnell erreicht und sind rasch vergänglich, besonders wenn die Temperaturen zügig steigen. Ist bei einer wöchentlichen Beobachtungsweise das aktuelle Stadium bereits zu weit fortgeschritten, notieren Sie den mittleren Tag zwischen zwei Beobachtungsgängen als das tatsächliche Datum des Stadiums.

Jedes Stadium trägt eine Nummer von 00 bis 99. Diese Nummer entspricht der Bewertungsskala BBCH. Diese Skala wurde an der Biologischen Bundesanstalt für Land- und Forstwirtschaft in Zusammenarbeit mit dem Bundessortenamt und der Chemischen Industrie in Deutschland entwickelt und von Meier (1997) publiziert. Sie wird international verwendet. Der Code erlaubt es, jedes Stadium des jährlichen Entwicklungszyklus einer Pflanze genau zu identifizieren und zu charakterisieren.

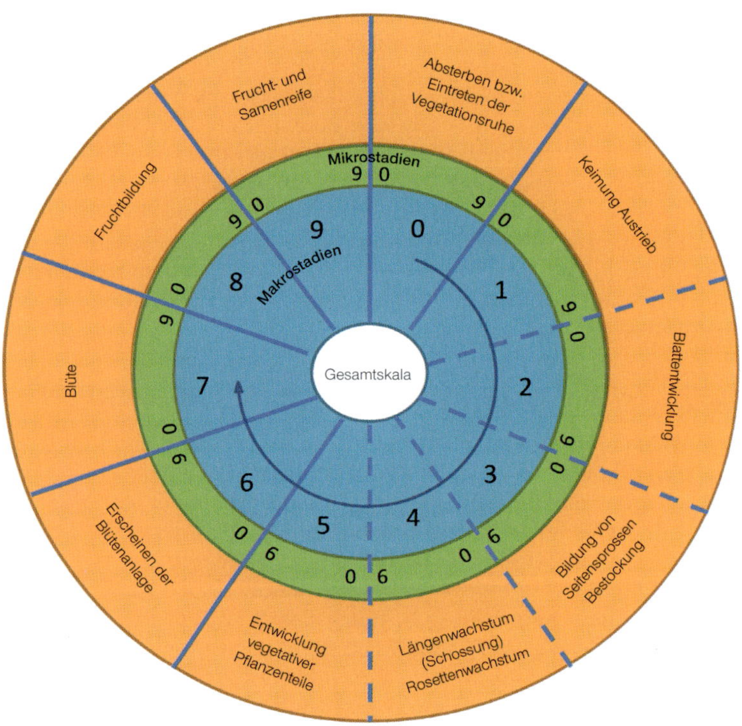

BBCH-Stadien: Regelfall für einjährige Pflanzen

Die Zahlen sind eine Kombination aus zwei Ziffern. Die Zehnerstelle steht für ein Makrostadium, dahinter folgt das Mikrostadium. Je nach Art werden manche Makrostadien weggelassen, da sie für die beobachtete Art nicht zutreffen.

Im Makrostadium 0 entsprechen die Mikrostadien der morphologischen Entwicklung des Pflanzenteils. In allen anderen Makrostadien verkörpern die Mikrostadien in der Regel einen Prozentsatz von Pflanzenteilen, die das Makrostadium erreicht haben. So entspricht das Stadium 65 dem Makrostadium 6 «Blüte» und dem Mikrostadium 5, das den Prozentsatz der offenen Blüten angibt, hier 50 %. Im Mikrostadium 1 haben sich 10 % der Blüten geöffnet, im Mikrostadium 9 sind es 90 %.

Manche Stadien sind schwer quantifizierbar, weil sich die Beurteilung auf etwas bezieht, was erst kommen wird, etwa die maximale Länge der Sprosse oder die maximale Größe der Früchte. Diese Kriterien lassen sich erst im Nachhinein beschreiben und variieren von einem zum anderen Jahr. Deshalb haben die Autoren dieses Beobachtungsführers entschieden, sich nur auf die Schlüsselstadien zu fokussieren.

Die BBCH-Skala wurde ursprünglich erstellt, um die Phänologie der Kulturpflanzen und der Obstbäume zu beschreiben, in diesem Buch wird sie auch für Wildarten verwendet. Als Schlüsselstadien wurden gewählt: Knospenstadium (00 bis 09), Blattentwicklung (10 bis 19), Blüte (50 bis 69), Fruchtentwicklung (70 bis 89) und die Blattalterung oder Seneszenz (90 bis 99). In den Tabellen auf den folgenden Seiten finden sich die Definitionen der in diesem Buch beschriebenen Stadien.

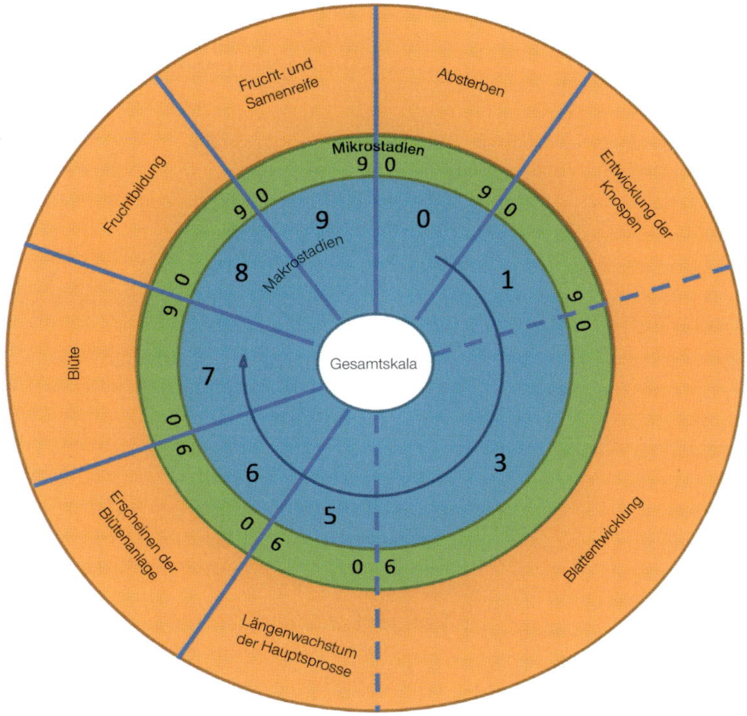

BBCH-Stadien: Regelfall für Bäume. Die Stadien 2 und 4 sind nicht aufgeführt, weil sie für Bäume nicht relevant sind.

Tabelle 1: Beschreibung der phänologischen Stadien von Bäumen und Sträuchern

ENTWICKLUNGS-STADIUM	BBCH-CODE	DEFINITION
Entwicklung der Knospen	00	• Alle Knospen befinden sich in der Winterruhe. A
Entwicklung der Knospen	07	• Laubbäume: Die Mehrheit der Blattknospen oder gemischten Knospen hat mit dem Austrieb begonnen. Die Blätter erscheinen zwischen den Knospenschuppen. B • Kiefern: Die Knospen strecken sich, die Nadeln bleiben im Inneren der Hülle. Hülle färbt sich silbern; die grüne Basis der Nadeln ist erkennbar. C • Übrige Nadelgehölze: Die Nadeln beginnen, sichtbar zu werden. D • Dieses Stadium entspricht dem Austrieb.
Entwicklung der Knospen	09	• Laubbäume: Bei den meisten Knospen sind die ersten Blätter sichtbar und ragen über die Spitze der Schuppen heraus, die immer noch vorhanden sein können. Die Blätter beginnen, sich zu entfalten. E • Kiefern: Die Nadeln beginnen, die Hülle zu durchbrechen. F • Übrige Nadelgehölze: Die Nadeln formen einen geschlossenen Pinsel. G
Blattentwicklung	11	• Laubbäume: Die Blätter sind auf ungefähr 10 % der Baumkrone entfaltet. H • Kiefern: Die Nadeln sind auf etwa 10 % der Baumkrone vollständig aus ihrer Hülle herausgetreten, sind aber noch miteinander verklebt. I • Übrige Nadelgehölze: Die Nadeln haben sich auf ungefähr 10 % der Baumkrone flach ausgebreitet. J
Blattentwicklung	15	• Laubbäume: Die Blätter sind auf ungefähr 50 % der Baumkrone entfaltet. • Kiefern: Die Nadeln sind auf etwa 50 % der Baumkrone vollständig aus ihrer Hülle herausgetreten, sind aber noch miteinander verklebt. • Übrige Nadelgehölze: Die Nadeln haben sich auf ungefähr 50 % der Baumkrone flach ausgebreitet.

A
B
C
D
E
F
G
H
I
J

•••

ENTWICKLUNGS-STADIUM	BBCH-CODE	DEFINITION
Blütenbildung	55	• Blüten mit Kronblättern: Die Mehrheit der Blütenknospen ist aus den Knospen herausgetreten. Blüten noch geschlossen, aber die Farbe der Kronblätter ist sichtbar. A • Männliche Blüten in Kätzchen: Die Mehrheit der Kätzchen hat sich fast vollständig gestreckt, die Schuppen beginnen, sich zu spreizen. B C • Übrige männliche Blüten: Die Staubblätter beginnen, sichtbar zu werden. D E
Blüte	61	• Ungefähr 10 % der Blüten sind voll aufgeblüht. • Blüten mit Kronblättern: Die Kronblätter sind geöffnet und die Staubblätter setzen Pollen frei. F • Männliche Blüten in Kätzchen: Die Staubblätter sind sichtbar und setzen Pollen frei. G H • Übrige männliche Blüten: Die Staubblätter sind sichtbar und setzen Pollen frei. I J
Blüte	65	• Dieses Stadium entspricht der Vollblüte. Etwa 50 % der Blüten sind voll aufgeblüht. • Blüten mit Kronblättern: Die Kronblätter sind geöffnet und die Staubblätter setzen Pollen frei. • Männliche Blüten in Kätzchen: Die Staubblätter sind sichtbar und setzen Pollen frei. • Übrige männliche Blüten: Die Staubblätter sind sichtbar und setzen Pollen frei.
Blüte	69	• Etwa 90 % der Blüten sind voll aufgeblüht, die ersten Blüten welken, die sich entwickelnden Früchte können sichtbar sein. K

•••

A
B
C
D
E
F
G
H
I
J
K

•••

ENTWICKLUNGS-STADIUM	BBCH-CODE	DEFINITION
Fruchtentwicklung	79	• Etwa 90 % der Früchte haben annähernd ihre gewöhnliche maximale Größe erreicht, haben aber noch nicht ihre Farbe geändert. A
Fruchtreife	85	• Etwa 50 % der Früchte in der Krone sind reif. B Die Reife zeigt sich gewöhnlich mit einem Farbwechsel, dieses Kriterium kann verbunden sein mit: – Austrocknung und Aufbrechen – Freisetzung von Samen – beginnendem Fruchtfall
Absterben	90	• Der Farbwechsel und/oder Blattfall setzt ein. C
Absterben	91	• Etwa 10 % der Blätter haben ihre Farbe geändert und/oder sind abgefallen. D
Absterben	95	• Etwa 50 % der Blätter haben ihre Farbe geändert und/oder sind abgefallen.

Tabelle 2: Beschreibung der phänologischen Stadien von Stauden: Es werden nur die Anfangsstadien und die Vollblüte beschrieben, dies sind die einzigen Stadien, die bei den ausgewählten Arten einfach zu beobachten sind.

ENTWICKLUNGS-STADIUM	BBCH-CODE	DEFINITION
Blütenbildung	55	• Innerhalb des Beobachtungsgebiets sind mindestens 50 % der Blütenknospen sichtbar, aber die Blüten sind nicht geöffnet. A
Blüte	61	• Innerhalb des Beobachtungsgebiets sind 10 % der Blüten geöffnet und die Staubblätter setzen Pollen frei. B
Blüte	65	• Innerhalb des Beobachtungsgebiets sind 50 % der Blüten geöffnet und die Staubblätter setzen Pollen frei.

A
B
C
D

A
B

Knospen und Austrieb

Je nach Art und Wachstumsverhalten kommt es am Ende der Wachstumszeit zur Bildung von Knospen mit Schuppen. Die Schuppen haben verschiedene Farben, sind anliegend, manchmal behaart. Diese Form findet man am häufigsten bei Bäumen der gemäßigten Zonen mit einem jahreszeitlichen Wachstum. Aber es gibt auch Pflanzen ohne Knospenschuppen, wie der Blutrote Hartriegel (*Cornus sanguinea*). Man spricht dann von «nackten Knospen». Zur Zeit des Austriebs im Frühling werden die Schuppen einiger Arten (z. B. Hainbuche, Birke, Hasel oder Walnuss) grün, bevor die Blätter erscheinen.

Das Stadium auf dem Foto unten links entspricht noch nicht dem Stadium 07. Bevor man dieses Stadium notiert, ist es wichtig, sich zu vergewissern, dass die jungen Blätter zwischen den Schuppen erscheinen.

Wenn die Knospen der Hainbuche anschwellen, kommen bei den Knospenschuppen grüne Bereiche zum Vorschein. Die Blätter sind noch nicht zu sehen.

Hainbuchenknospe im Stadium 07. Die jungen Blätter werden zwischen den Schuppen sichtbar.

Die Knospen der Wald-Föhre strecken sich.

Bei den Kiefern strecken sich die Knospen zunächst, das Stadium 07 ist erst erreicht, wenn die grüne Basis der Nadeln sichtbar wird. Bei den Stadien 07 bis 09 wird kein einzelnes Ereignis vermerkt. Sie werden erst notiert, wenn ungefähr 50 % der Knospen das Stadium erreicht haben. Jedoch gilt es zu bedenken, dass die Stadien nicht am ganzen Baum nacheinander durchlaufen werden, sondern dass Überschneidungen möglich sind. So können 30 % der Knospen im Stadium 07 und 60 % in Stadium 09 sein und gleichzeitig sind auf 10 % der Krone die Blätter bereits entfaltet. Man notiert dann das Stadium 11.

Ein Blatt muss nicht seine endgültige Größe erreicht haben, um als entfaltet zu gelten. Es reicht, dass es nicht mehr wie während des Austriebs zusammengefaltet ist.

Bei der Kiefernart, die in diesem Werk vorgestellt wird, stehen die Nadeln paarweise an Kurztrieben. Dies gilt auch für die Berg-Kiefer (*Pinus mugo*). Es gibt andere Arten, bei denen drei oder fünf Nadeln zusammenstehen.

Die Blätter einer Buche entfalten sich.

Blütenbildung

In den Steckbriefen wird die Blattbildung immer vor der Blütenbildung beschrieben, diese Reihenfolge trifft jedoch nicht auf alle Arten zu. Die Blüten können vor den Blättern erscheinen (z. B. Kornelkirsche), gleichzeitig (z. B. Gewöhnliche Hainbuche) oder danach (z. B. Edel-Kastanie).

Beim Aprikosenbaum erscheinen die Blüten vor den Blättern.

Bei der Gewöhnlichen Hainbuche erscheinen Blüten und Blätter gleichzeitig.

Bei der Edel-Kastanie erscheinen die Blüten nach den Blättern.

Je nach Art bildet ein Baum unterschiedliche Blüten:

- nur männliche oder nur weibliche Blüten (diözische oder zweihäusige Arten, z. B. Weiden)
- männliche und weibliche Blüten (monözische oder einhäusige Arten, z. B. Eichen)
- zwittrige Blüten mit männlichen (Staubblätter) und weiblichen Organen (Fruchtknoten und Griffel, z. B. Kirschen)

Die Stadien der Blütenbildung notiert man anhand der männlichen Blüten, die weiblichen sind meist sehr klein und schwierig zu beurteilen. Das bedeutet, dass man bei monözischen Arten die männlichen Blüten betrachtet, bei den diözischen die männlichen Individuen.

Das Stadium 55 kann lange andauern. Um die Angaben von Beobachter zu Beobachter zu vereinheitlichen, wird dieses Stadium erst am Ende der Phase notiert, kurz vor dem Übergang in das folgende Stadium. Insgesamt ist es wichtig, sowohl die Definitionen der Stadien als auch die vorliegenden Fotos in den Steckbriefen hinzuzuziehen.

Bei den Stauden schließen einige Arten ihre Blüten in der Nacht (z. B. Busch-Windröschen). Bei bedecktem Himmel oder regnerischem Wetter bleiben sie manchmal auch während des Tages geschlossen. Dies gilt es zu bedenken.

Fruchtbildung

Bei manchen Arten scheint es unnötig oder gar unmöglich, die Fruchtbildung zu notieren. Dies ist insbesondere bei den krautigen Arten der Fall, die in diesem Buch beschrieben werden (Gelbe Narzisse, Weiße Narzisse, Huflattich etc.), ebenso bei einigen Zierarten, die steril sein können.

Bei manchen Arten erstreckt sich die Reifung über mehr als eine Vegetationsperiode, etwa bei den Kiefern oder Zedern. Der Zeitpunkt, wenn sich die Zapfen öffnen und die Samen freisetzen, ist nicht die gesuchte Entwicklungsphase, denn die Reifung der Samen findet schon vorher statt (Stadium 85, geschlossener Zapfen). Auch hier ist es wichtig, sowohl die Definitionen der Stadien als auch die vorliegenden Fotos in den Steckbriefen hinzuzuziehen.

Zapfen der Wald-Föhre im Stadium BBCH 79

Zapfen der Wald-Föhre im gesuchten Reifestadium, dem BBCH-Stadium 85

Das Stadium BBCH 79 wird notiert, wenn die Frucht in etwa die gewöhnliche maximale Größe erreicht hat (Foto oben links). Das Stadium BBCH 85 ist eingetreten, wenn die typische Farbe der reifen Frucht zu sehen ist (Foto oben rechts). Der gesamte Zeitraum, in dem der Zapfen seine Farbe ändert (nächste Seite Foto oben links), ist phänologisch nicht von Interesse, denn diese Farbänderung erfolgt sukzessive und unterliegt der Interpretation. Wenn ein Zapfen seine Samen freisetzt, entspricht dies nicht notwendigerweise dem Stadium BBCH 85 (nächste Seite, Foto oben rechts). Vielmehr sollten auf demselben Baum 50 % der Zapfen ihre Samen freisetzen und die typische Farbe der Reifung zeigen.

Zapfen der Wald-Föhre während des Farbwechsels

Ein zweijähriger Zapfen der Wald-Föhre setzt seine Samen frei.

Bei einigen Arten, etwa den Eichen, kann ein Parasitenbefall dazu führen, dass noch grüne Früchte frühzeitig abfallen. Es ist wichtig, dieses Phänomen zu erkennen und zu notieren. In manchen Jahren verfärbt sich vor allem bei manchen Rosengewächsen die Frucht bereits, bevor sie das Wachstum eingestellt hat. Die Kriterien, um diese Entwicklung einzuschätzen, können also von Jahr zu Jahr variieren.

Blattalterung

Bei manchen Arten wird dieses Stadium nicht beschrieben, weil der Laubfall sukzessive erfolgt und schwer zu quantifizieren ist. Hierzu gehören die immergrünen Arten sowie die meisten Nadelbäume. Gelegentlich beschleunigt ein Parasitenbefall die Seneszenz. So kann das Laub der Rosskastanie durch Minierlarven so stark geschädigt sein, dass die Blätter austrocknen und schon im Sommer abfallen. Die Blätter der Eichen können von Mehltau befallen und verfärbt sein, was die Beurteilung erschwert. Wird eine vorzeitige Alterung festgestellt, sollte die Beobachtung durch einen Hinweis auf diesen Parasitenbefall ergänzt werden.

Bei den laubabwerfenden Arten fallen die Blätter meist nach ihrem Farbwechsel ab. Manchmal bleiben die abgestorbenen Blätter auch am Baum und fallen erst im folgenden Frühling ab. Dieses Phänomen findet man häufig bei Eichen.

Von Mehltau befallene Blätter der Stiel-Eiche

Empfehlungen zur Durchführung der Beobachtungen

Den Prozentsatz in der Krone richtig einschätzen

Die Hauptschwierigkeit der Beobachtung besteht bei Bäumen ohne Zweifel darin, den Prozentsatz der Baumkrone abzuschätzen, der ein bestimmtes Stadium erreicht hat. Die folgenden Empfehlungen sollen helfen, sich mit dieser Verfahrensweise vertraut zu machen.

Begutachten Sie die Gesamtheit der Krone von allen Seiten. Gehen Sie um den Baum herum und betrachten Sie ihn vom Baumwipfel bis zu den tiefsten Ästen. Eine hilfreiche Technik ist es, die Krone optisch in zwei Abschnitte zu teilen, Nord und Süd oder Ost und West. Bei großen Bäumen kann es sinnvoll sein, jeden Abschnitt wiederum in einen oberen und einen unteren Bereich aufzuteilen. Nun bewerten Sie jeden Abschnitt für sich und bilden dann den Durchschnitt. Es kann auch helfen, die Augen zusammenzukneifen, um die Farbkontraste deutlicher hervortreten zu lassen.

Die Zeichnungen auf der vorliegenden Doppelseite zeigen, wie Prozentanteile von 10 bzw. 50 % optisch wirken. In der Zeichnung unten sind links 10 % und rechts 50 % der Blätter in der Krone entfaltet. In der Zeichnung auf der folgenden Seite haben 10 % bzw. 50 % der Blätter ihre Farbe gewechselt oder sind abgefallen.

Achtung: Bei der Betrachtung der laubabwerfenden Arten werden die bereits zu Boden gefallenen Blätter zu den alternden Blättern hinzugerechnet! Dies ist in windigen Gebieten im Herbst besonders wichtig (rascher Laubfall).

Stadium BBCH 11: Auf etwa 10 % der Krone sind die Blätter entfaltet.

Stadium BBCH 15: Auf etwa 50 % der Krone sind die Blätter entfaltet.

Stadium BBCH 91:
10 % der Blätter
haben ihre Farbe
gewechselt oder
sind abgefallen.

Stadium BBCH 95:
50 % der Blätter
haben ihre Farbe
gewechselt oder
sind abgefallen.

Techniken und Methoden der Beobachtung

Die Beobachtungen können mit dem bloßen Auge durchgeführt werden, jedoch ist für große Bäume ein Fernglas unentbehrlich. Ferngläser mit zehn- oder zwölffacher Vergrößerung und einem Objektivdurchmesser von 50 mm sind für die Beobachtung ideal, so lässt sich auch bei kleinen Blüten das Stadium der Blütenbildung bestimmen.

Natürlich sind die Beobachtungen bei einem einzeln stehenden Individuum leichter als bei Baumgruppen, bei denen sich die Äste und Blätter verflechten. Auch kann es schwer sein, die Krone aus der nötigen Entfernung zu begutachten.

An Sonnentagen ist es besser, das weiche Licht des Vormittags oder späten Nachmittags zu nutzen. Für eine optimale Beobachtung sollte man die Sonne immer im Rücken haben, um Schattenwurf zu vermeiden. Tage mit Wechseln von Wolken und Sonne sind weniger geeignet, da plötzliche Änderungen der Helligkeit die Bewertung beeinflussen können. Am günstigsten sind helle Tage mit bedecktem Himmel, da bei diesem Licht die Farbkontraste am besten hervortreten.

Gut zu wissen

Bestimmte Phänomene, etwa Starkregen, Hagel, Frost, anhaltende Trockenheit, Hitzewellen, Parasiten- oder Raupenbefall, können die Blüten und Blätter schädigen und die Bewertung verfälschen. Es ist also nützlich, diese Informationen zu notieren.

Schäden an Buchenblättern aufgrund einer Hitzewelle im August 2003

Beschreibung der Arten und ihrer phänologischen Stadien

• Pflanzennamen | • phänologische Kalender

DIE NAMEN UND DAS SYSTEM DER PFLANZEN

Die deutschen Pflanzennamen können je nach Land oder Region variieren. Auch die wissenschaftlichen Namen ändern sich manchmal, wenn neue Erkenntnisse über die Systematik vorliegen. Um eine Art genau zu identifizieren, gibt man daher am besten drei Namen an:

- den gebräuchlichen deutschen Namen (z. B. Rot-Buche)
- den wissenschaftlichen Namen bestehend aus Gattung und Artzusatz (z. B. *Fagus sylvatica*)
- die botanische Familie (z. B. Fagaceae)

Das binäre System, das Linné Ende des 18. Jahrhunderts entwickelt hat, ordnet allen lebenden Arten einen zweiteiligen Namen zu. Der erste Teil bezeichnet die Gattung, der zweite die Art. Es folgt der (meist abgekürzte) Name des Autors, der die Art als Erster benannt hat. Die Gattungen wurden ursprünglich anhand ihrer Merkmale in Familien eingeordnet. Dies waren vor allem Merkmale, die eine Beschreibung der Arten erlauben: morphologische, biologische, phänotypische oder physiologische Eigenschaften. Häufig wurden die Form der Pflanzenteile, besonders der Fortpflanzungsorgane (Blüte und Frucht), genutzt, um die Pflanzen zu klassifizieren.

Seit Mitte des vorigen Jahrhunderts geht man jedoch dazu über, die traditionelle Einteilung nach und nach durch eine phylogenetische zu ersetzen, das heißt, bei der Einteilung der Pflanzen und Tiere berücksichtigt man ihre genetische Abstammung. Das führt dazu, dass Pflanzen einer anderen Gattung oder auch Familie zugeordnet werden und daher einen neuen Namen erhalten, wenn neue wissenschaftliche Erkenntnisse vorliegen. Für die Steckbriefe in diesem Buch wurden die wissenschaftlichen und deutschen Namen verwendet, die im «Zander – Handwörterbuch der Pflanzennamen», «Rothmaler – Exkursionsflora von Deutschland» und «Flora Helvetica – Illustrierte Flora der Schweiz» verzeichnet sind.

DIE PHÄNOLOGISCHEN KALENDER

In den Steckbriefen finden sich Kalender mit den phänologischen Hauptereignissen (Stadien 11–15, 61–65, 85, 91–95), sofern die Daten verfügbar sind. Als Grundlage dienten phänologische Daten des Observatoire des Saisons (http://data.oreme.org/observation/ods). Sie zeigen die Zeiträume, in denen die verschiedenen phänologischen Stadien bisher beobachtet wurden. Die eigenen Beobachtungen können davon unter Umständen stark abweichen. Dies kann zwei Gründe haben. Zum einen wurden die Kalender aus mindestens 30 Beobachtungsdaten erstellt. Bedenkt man die Vielfalt möglicher Standorte, erscheint diese Zahl gering. Zum anderen kann ein extremes Klimaereignis den zeitlichen Ablauf der Entwicklung der beobachteten Arten verändern.

Leider liegen nicht für alle Arten Daten aus der angegebenen Datenbank vor. Um die Beobachtungen zu erleichtern, wurden in diesen Fällen Experten befragt. Diese Angaben können alle oder einen Teil der Stadien einer bestimmten Art betreffen.

Vom Vergnügen, die Phänologie zu beobachten

Nun ist es für Sie an der Zeit, aufzubrechen und den eigenen Garten, die Straße, den Stadtteil oder den Park in der Nachbarschaft zu erforschen. Es ist nicht schwer, sich mit den neuen Werkzeugen vertraut zu machen. Bald schon werden die phänologischen Beobachtungen Ihre Sichtweise auf Pflanzen ändern. Die Pflanzenwelt drückt sich in einer zurückhaltenden, aber allgemein verständlichen Art und Weise aus. Sie werden eine Welt entdecken, in der die Jahreszeiten eine zentrale Rolle spielen. Diese reiche, farbenfrohe, duftende Welt wird Ihnen nach und nach ihre Geheimnisse offenbaren. Es beginnt ein Abenteuer, dass zwar etwas Geduld erfordert, das jedoch all jenen viel Freude bereitet, die sich auf die Entdeckungsreise machen, die Pflanzen in der Umgebung unter dem Gesichtspunkt der Phänologie kennenzulernen.

Die Autoren wünschen sich, dass Sie diese neue Aktivität genauso fasziniert wie sie selbst. Die Beobachter der Phänologie bilden bereits eine umtriebige und warmherzige Gemeinschaft, die den Austausch liebt, lebhaft über das diskutiert, was sie sieht, notiert und interpretiert, die die Sonne und den Regen genießt, die Blüten und die Früchte (den Käse und den Wein aber auch!) und sich wünscht, als Gemeinschaft weiter zu wachsen.

« *Wir wünschen erfolgreiche phänologische Beobachtungen!* »

Zwittrige Blüte des Pfirsichbaums mit gelbem Stempel und zahlreichen violetten Staubgefäßen

AUFBAU DER STECKBRIEFE

1 Gewöhnliche Hasel

2 *Corylus avellana* L. / Betulaceae

3 Was macht sie interessant?

Die Hasel ist ein weit verbreiteter Strauch, der im Unterholz wächst. Er blüht sehr früh (ab Januar). Nicht nur dem Menschen, auch vielen Vögeln und Säugetieren dienen die Nüsse als Nahrung.

4 Ökologie

Der Haselstrauch ist in ganz Europa bis in den Ural weit verbreitet. Man findet ihn in lichten Wäldern, an Waldrändern und in Hecken. Er toleriert die meisten Standortfaktoren, verträgt aber keine sehr feuchten oder sehr sauren Böden. Er passt sich gut an Schatten an, fruchtet dann aber nicht so reich wie an sonnigen Standorten. Er widersteht gut Winterkälte.

Weibliche Blüte des Haselstrauchs

5 Bestimmungsmerkmale

Der Strauch ist 2–5 m hoch und erscheint in der Regel als buschige Kugel, da jedes Jahr viele gerade Schösslinge aus der Stammbasis austreiben (Stockausschlag). Die Rinde ist dünn, glatt, bräunlich bis gräulich, mit kleinen, rundlichen deutlichen Unebenheiten (Korkwarzen, Lentizellen). Er kann mit kleinen Linden verwechselt werden.

1 Deutscher Artname

2 Wissenschaftlicher Name (Gattung und Art) und Familie

3 Bedeutung der Art im Rahmen von phänologischen Überwachungsprogrammen

4 Informationen über die Standortansprüche der Art

5 Abbildungen der wichtigsten Pflanzenteile und Bestimmungsmerkmale

DIE PHÄNOLOGISCHEN STADIEN

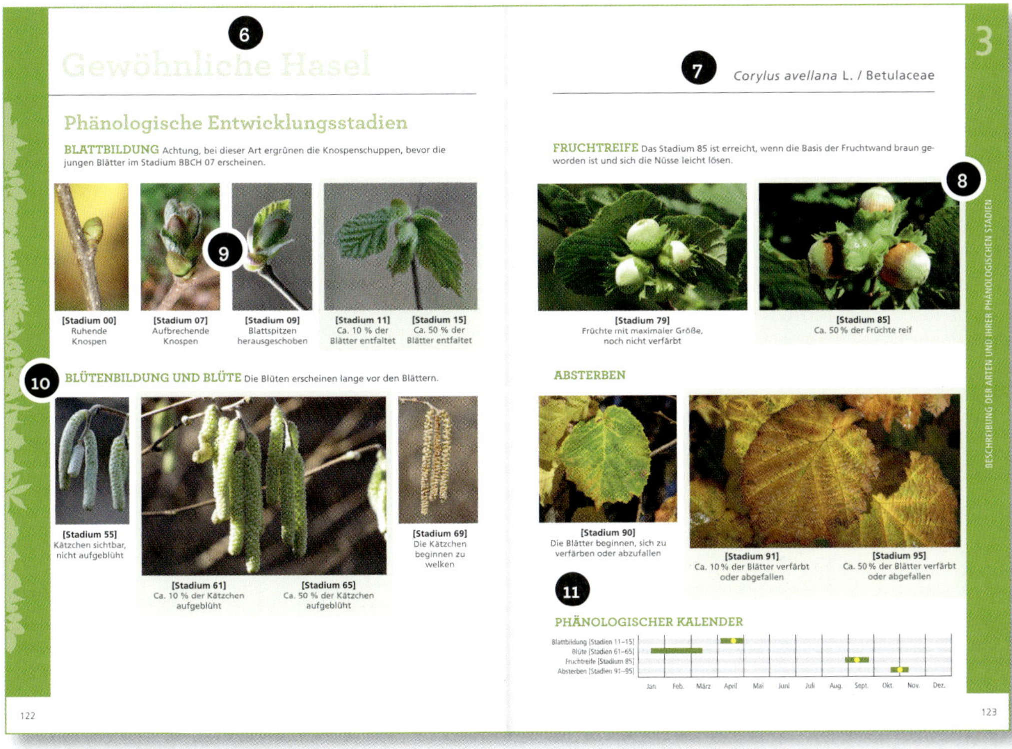

6 Deutscher Artname

7 Wissenschaftlicher Name (Gattung und Familie)

8 Zusätzliche Informationen zum Stadium

9 Fotos der phänologischen Stadien; die wichtigsten sind farbig unterlegt

10 Beschreibung der phänologischen Stadien und BBCH-Codes

11 Phänologischer Kalender: Die grünen Balken markieren den Zeitraum, in dem das Ereignis normalerweise zu beobachten ist, ein gelber Punkt verweist auf den Zeitpunkt, an dem das Ereignis durchschnittlich beobachtet wurde. Diese Kalender stammen von Daten des Observatoire des Saisons. Kalender ohne Punkt basieren auf Expertenmeinungen, deren Daten für eine Aussage zum Zeitpunkt nicht genau genug sind. Die Blattentwicklung entspricht hier den Stadien BBCH 11 und 14, die Blüte den Stadien BBCH 61 und 65, die Fruchtreife dem Stadium BBCH 85 und das Absterben den Stadien BBCH 91 und 95.

Weiß-Tanne

Was macht sie interessant?

Die Weiß-Tanne ist ein charakteristischer Baum der europäischen submontanen bis subalpinen Höhenstufe. Dort ist sie häufig mit Buchen oder Fichten vergesellschaftet.

Ökologie

Die Weiß-Tanne wächst vor allem in Bergregionen zwischen 500 und 2000 m. Sie ist vor allem an Standorten mit viel Bodenwasser zu finden. Sie kommt mit verschiedenen Böden zurecht, ist aber kaum an sehr kalkhaltige, sehr flachgründige oder im Winter sehr durchnässte Böden angepasst. Als junger Baum verträgt sie Konkurrenz und Schatten anderer Arten gut. Sie ist wenig empfindlich gegenüber winterlicher Kälte, aber Frühlingsfröste setzen ihr zu, besonders in tiefen Lagen. Auf sommerliche Trockenheit reagiert sie ebenfalls empfindlich.

Zapfen der Weiß-Tanne

Abies alba Mill. / Pinaceae

Bestimmungsmerkmale

Sie ist ein majestätischer Baum mit geradem Stamm, der 50 m übersteigen kann. Ihre Silhouette ist konisch, die Zweige sind waagerecht ausgebreitet. Der Wipfel ist in jungen Jahren spitz, später rundet er sich und kann bei älteren Individuen sogar eine flache Form annehmen (Storchennestkrone). Diese charakteristische Wuchsform unterscheidet sie von der Gewöhnlichen Fichte, mit der sie häufig verwechselt wird. Die Rinde ist grau bis silbrig-grau mit unregelmäßigen Schuppen. Im Unterschied zur Gewöhnlichen Fichte sind die Nadeln abgerundet und stechen nicht. Den Nadeln fehlt der zitronenartige Geruch, der für die Gewöhnliche Douglasie charakteristisch ist.

BLÄTTER
15–30 mm lange Nadeln, nicht stechend, flach, Oberseite dunkelgrün. Auf der Unterseite zwei deutliche weiße Bänder. Die Nadelspitze ist abgerundet und leicht eingekerbt. Nadeln auf sterilen Zweigen in Doppelreihen (kammförmig) angeordnet, auf fertilen Zweigen oder im vollen Licht stark nach oben gekrümmt (bürstenförmig). Nadeln hinterlassen auf den Zweigen eine runde Narbe.

KNOSPEN
Relativ dick (4–6 mm), glänzend hellbraun, spitz oder abgerundet, harzfrei.

MÄNNLICHE BLÜTEN
In rundlichen, grünlichen bis gelblichen oder rötlichen Kätzchen an den Zweigen des Vorjahres.

FRÜCHTE
Längliche Zapfen von 10–15 cm, aufrecht, mehr oder weniger harzig. Schuppen dünn, erst grün, dann braun. Kleine, membranartige, spitze Flügel (Deckschuppen) ragen zwischen den Samenschuppen hervor. Der Zapfen öffnet sich am Baum und lässt eine Zapfenspindel auf dem Ast zurück. Samen klein (3–4 mm), mit dreieckigem, membranartigem Flügel.

WEIBLICHE BLÜTEN
Weibliche Blüten in kleinen, grünen, aufrechten Zapfen, die einzeln auf den Zweigen im Baumwipfel sitzen.

ZWEIGE
Junge Zweige glatt, gelblich grün, mit kleinen, kurzen, rötlichen Haaren besetzt, die schwärzlich werden und schließlich verschwinden.

Phänologische Entwicklungsstadien

BLATTBILDUNG Die Nadeln sind sehr weich. Daher bleibt die Spitze der jungen Triebe im Stadium BBCH 07 durch Schuppen verschlossen.

[Stadium 00]
Ruhende Knospen

[Stadium 07]
Aufbrechende Knospen

[Stadium 09]
Die einzelnen Nadeln stehen pinselförmig beieinander

[Stadium 11]
Die Nadeln haben sich auf ca. 10 % der Krone flach ausgebreitet

[Stadium 15]
Die Nadeln haben sich auf ca. 50 % der Krone flach ausgebreitet

BLÜTENBILDUNG UND BLÜTE

[Stadium 55]
Kätzchen am Ende ihrer Streckung, die Schuppen beginnen, sich zu spreizen

[Stadium 61]
Ca. 10 % der Kätzchen sind geöffnet, die Staubblätter setzen den Pollen frei

[Stadium 65]
Ca. 50 % der Kätzchen sind geöffnet, die Staubblätter setzen den Pollen frei

[Stadium 69]
Die Kätzchen beginnen zu welken

FRUCHTREIFE Das Stadium 85 wird gleich nach der Farbveränderung der Zapfen im Herbst notiert. Die reifen Zapfen fallen nicht ab, sie zerfallen am Baum.

[Stadium 79]
Zapfen mit maximaler Größe, noch nicht verfärbt

[Stadium 85]
Ca. 50 % der Zapfen sind reif

PHÄNOLOGISCHER KALENDER

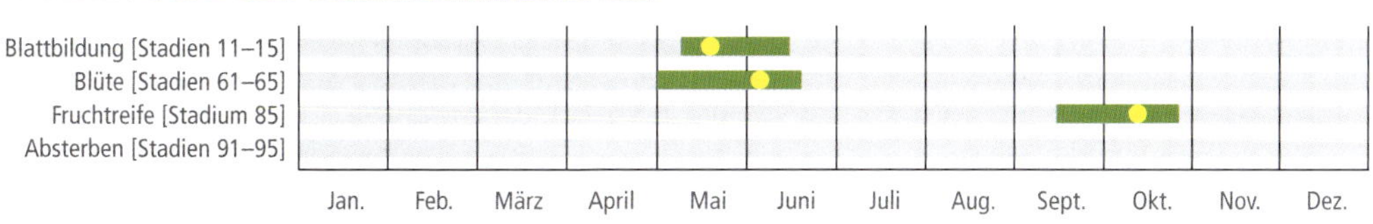

AHORN-ARTEN

Zur Gattung Ahorn (*Acer*) zählen Bäume und Sträucher von 10–40 m Höhe. Sie gehören zur Familie der Sapindaceae (früher Aceraceae). Es gibt mehrere Dutzend Arten in Nordamerika, in Europa und an den Küsten Ostasiens. Die Blätter sind immer gegenständig und zeigen bei den meisten Arten eine fächerförmige Blattnervatur mit 3–9 Blattadern (selten 13). Der Ahorn blüht in der Regel gegen Ende des Winters oder zu Frühlingsanfang, vor, während oder gleich nach der Blattbildung. Die Blüten sind je nach Art grün, gelb, rot oder orangefarben. Die Früchte sind leicht zu erkennen. Es sind doppelt geflügelte Nussfrüchte, die einen «Propeller» formen. Gemeinsam mit der Blattform ist die Form der Fruchtflügel ein Bestimmungsmerkmal der Ahorn-Arten. Die Ahorne sind in der Regel anspruchsvoll in Bezug auf Licht und brauchen nährstoffreiche Böden. Es gibt Arten, die zur Produktion von Sirup genutzt werden (Zucker-Ahorn in Nordamerika), andere liefern Nutzholz (Spitz-Ahorn, Berg-Ahorn usw.) und finden wegen der besonderen Blattform (Silber-Ahorn) oder der Herbstfärbung als Ziergehölze Verwendung.

Die Ahorn-Arten wurden ausgewählt, weil sie in zahlreichen klimatischen (Täler, Berge, ozeanisches bis mediterranes Klima usw.) und ökologischen Zusammenhängen vorkommen (Wälder, offene Standorte, Parkanlagen, Gärten usw.). Die phänologischen Stadien ähneln sich, aber die vorgestellten Arten unterscheiden sich in der Reihenfolge der Blatt- und Blütenbildung.

Spitz-Ahorn

Ökologie

Er ist eher eine Bergbaumart, man findet ihn aber auch an anderen Standorten, wenn die Luftfeuchtigkeit ausreicht. In den Bergen bildet er Mischwälder mit Buche, Tanne, Esche, Linde, Berg-Ahorn (bis 1500 m), im Flachland kommt er in Eichen- und Buchenwäldern vor. Man findet ihn auf nährstoffreichen Böden, auch auf Kalkböden und leicht sauren Böden. Er wächst nicht an sehr trockenen Standorten oder auf im Winter stark durchnässten Böden. Der Spitz-Ahorn verträgt bis zu einem gewissen Grad die Konkurrenz anderer Arten.

Phänologische Entwicklungsstadien

Siehe Steckbrief des Berg-Ahorns, S. 76–79.

PHÄNOLOGISCHER KALENDER

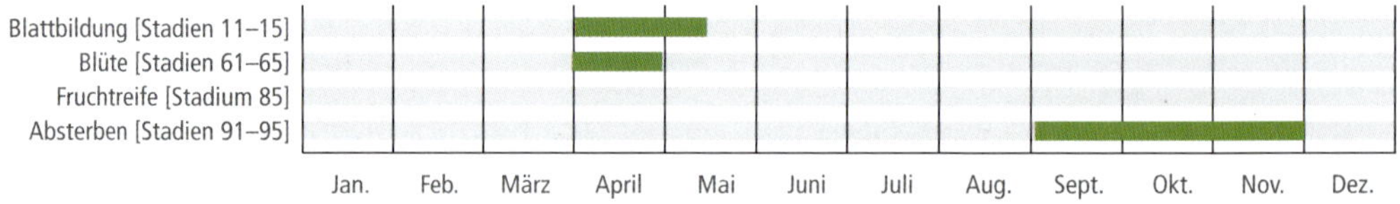

Acer platanoides L. / Sapindaceae

Bestimmungsmerkmale

BLÄTTER
Sie ähneln denen der Platane, unbehaart, groß, oberseits glänzend, gegenständig, mit 5 Lappen, die in 5–6 Spitzen auslaufen. Die Lappen sind durch große, gerundete Einschnitte voneinander getrennt. Blattadern wie die Finger einer ausgebreiteten Hand angeordnet. Blätter mit langen, schmalen Blattstielen, die an der Basis zu einem V verbreitert sind.

KNOSPEN
Oval mit grünen Schuppen, die sich im Licht rot färben. Die Endknospe ist dicker als die Seitenknospen. Letztere stehen einander am Zweig gegenüber und sind auf jeder Ebene sukzessive um 90 Grad versetzt (kreuzgegenständig).

ZWEIGE
Gegenständig, gelblich braun, unbehaart.

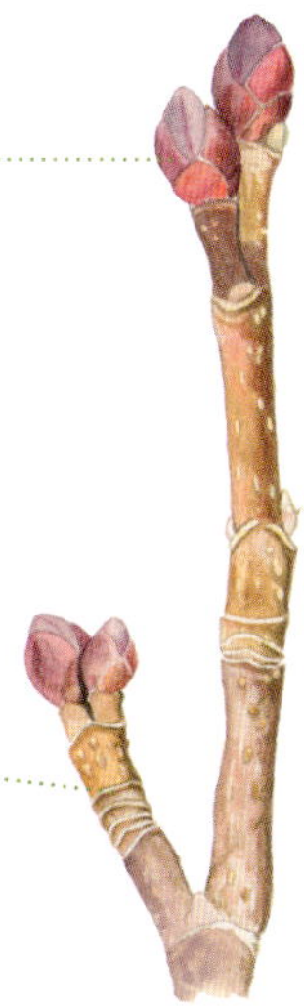

FRÜCHTE
Zwei Nüsse mit großen Flügeln, abgeflacht, die Fruchtflügel formen einen Winkel von mehr als 90 Grad. Wenn die Früchte im Herbst zu Boden fallen, drehen sie sich wie Propeller.

BLÜTEN
Meist zwittrig, zuweilen auch eingeschlechtig. Blüten klein, grünlich gelb, in aufrechten, endständigen Schirmrispen. Sie erscheinen vor den Blättern.

Berg-Ahorn

Ökologie

Auch der Berg-Ahorn ist eine Bergbaumart, der bei ausreichend hoher Luftfeuchtigkeit auch an anderen Standorten vorkommt. Er wächst im Gebirge mit Buche, Tanne, Esche, Linde, Spitz-Ahorn (bis 1800 m) und in Eichen- und Buchenwäldern. Man findet ihn auf nährstoffreichen Böden, auch auf Kalkböden bis hin zu leicht sauren Böden. Er wächst nicht auf sehr trockenen Standorten oder auf im Winter stark durchnässten Böden. Der Berg-Ahorn verträgt bis zu einem gewissen Grad die Konkurrenz anderer Arten.

Herbstliche Blattfärbung des Berg-Ahorns

Acer pseudoplatanus L. / Sapindaceae

Bestimmungsmerkmale

BLÜTEN
Meist zwittrig, aber zuweilen auch eingeschlechtig. Blüten klein, grünlich gelb, in hängenden, länglichen Rispen. Sie erscheinen gleichzeitig mit den Blättern.

FRÜCHTE
Zwei Nüsse mit je einem Fruchtflügel, die einen rechten Winkel bilden oder ein offenes V mit höchstens 90 Grad. Wenn die Früchte im Herbst zu Boden fallen, drehen sie sich wie Propeller.

ZWEIGE
Gegenständig, unbehaart, graubraun.

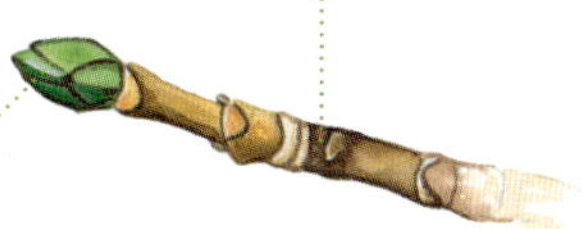

KNOSPEN
Oval mit grünen Schuppen mit braunem Rand. Die Endknospe ist dicker als die Seitenknospen. Letztere stehen einander am Zweig gegenüber und sind auf jeder Ebene sukzessive um 90 Grad versetzt (kreuzgegenständig).

BLÄTTER
Oberseits dunkelgrün, auf der Unterseite graugrün und stumpf, unbehaart, gegenständig, mit 5 spitzen Lappen, die mehr oder weniger gezähnt sind. Die Lappen sind durch schmale, spitze Einschnitte voneinander getrennt. Die beiden unteren Lappen sind etwas kleiner als die übrigen, Blattadern angeordnet wie die Finger einer ausgebreiteten Hand. Blattstiel lang, rötlicht.

Berg-Ahorn

Phänologische Entwicklungsstadien

BLATTBILDUNG Achtung, im Stadium BBCH 07 ergrünen die Knospenschuppen, bevor die jungen Blätter zwischen den Schuppen auftauchen.

[Stadium 00]
Ruhende Knospen

[Stadium 07]
Aufbrechende Knospen

[Stadium 09]
Blattspitzen herausgeschoben

[Stadium 11]
Ca. 10 % der Blätter entfaltet

[Stadium 15]
Ca. 50 % der Blätter entfaltet

BLÜTENBILDUNG UND BLÜTE Die Blüten erscheinen bei den verschiedenen Ahorn-Arten entweder vor den Blättern (Spitz-Ahorn, Schneeballblättriger Ahorn) oder zur gleichen Zeit (Feld-, Berg-Ahorn).

[Stadium 55]
Blüten sichtbar, nicht aufgeblüht

[Stadium 61]
Ca. 10 % der Blüten aufgeblüht

[Stadium 65]
Ca. 50 % der Blüten aufgeblüht

[Stadium 69]
Die Blüten beginnen zu welken

Acer pseudoplatanus L. / Sapindaceae

FRUCHTREIFE

[Stadium 79]
Früchte mit maximaler Größe, noch nicht verfärbt

[Stadium 85]
Ca. 50 % der Früchte reif

ABSTERBEN Die Arten reagieren besonders empfindlich auf verschiedene Schädlinge, die eine verfrühte Seneszenz bewirken. Dieser Parasitenbefall muss vermerkt werden.

[Stadium 90]
Die Blätter beginnen, sich zu verfärben oder abzufallen

[Stadium 91]
Ca. 10 % der Blätter verfärbt oder abgefallen

[Stadium 95]
Ca. 50 % der Blätter verfärbt oder abgefallen

PHÄNOLOGISCHER KALENDER

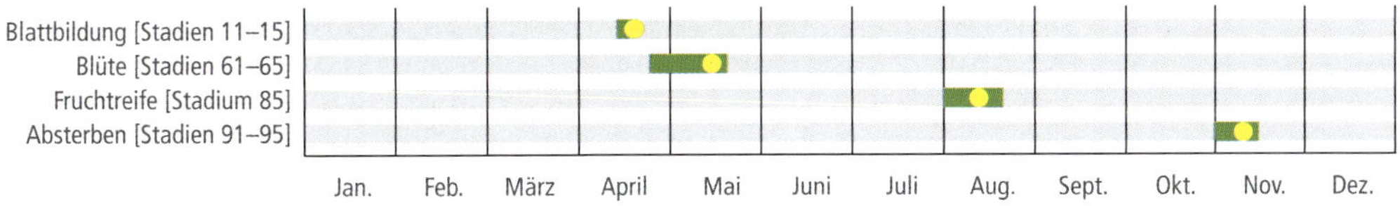

Schneeballblättriger Ahorn

Was macht ihn interessant?

Der Schneeballblättrige Ahorn kommt in Laubmischwäldern der Hügel- und Bergstufe vor. Er ist in der Südwestschweiz zu finden, in Deutschland nur an der Südwestgrenze zur Schweiz. Zuweilen ist er als Zierbaum in Parkanlagen angepflanzt. Er ist eine Bienenweide mit früher Blüte.

Ökologie

Der Schneeballblättrige Ahorn ist eine verbreitete Art im südlichen Bergland Spaniens, Frankreichs und Italiens. Er erträgt sowohl Wärme als auch Kälte und toleriert kalkhaltige Böden. In Höhenlagen wächst er im Mischbestand in lichten und trockenen, kalkhaltigen Buchen- und in Lindenwäldern. In tieferen Lagen und an Südhängen begleitet er häufig die Flaum-Eiche (*Quercus pubescens*).

Herbstliche Blattfärbung des Schneeballblättrigen Ahorns

Phänologische Entwicklungsstadien

Siehe Steckbrief des Berg-Ahorns, S. 76–79.

PHÄNOLOGISCHER KALENDER

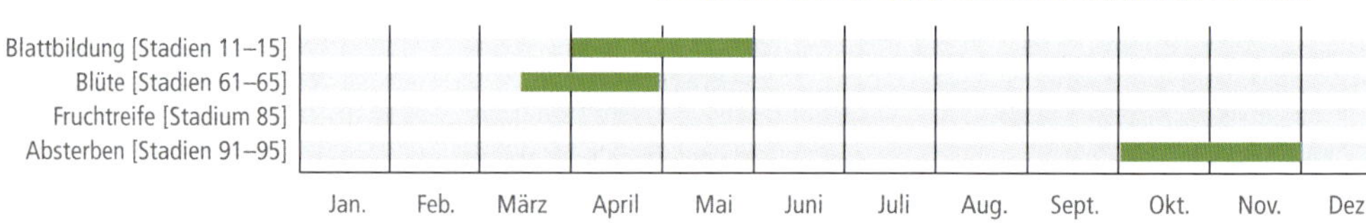

Acer opalus Mill. / Sapindaceae

Bestimmungsmerkmale

Er ist ein kleiner Baum mit meist kurzem Stamm, der selten 15 m Höhe erreicht. Seine Rinde ist glatt, im jungen Alter graubeige, im Alter wird sie gelblich braun, schuppig und rissig. Er bildet leicht Stockausschläge und kann unregelmäßige Büsche formen.

KNOSPEN
Oval mit braunen und grauen Schuppen, leicht flaumig behaart, aber an den Rändern kahl. Die Endknospe ist dicker als die Seitenknospen. Letztere stehen vom Zweig ab und sind gegenständig und auf jeder Ebene sukzessive um 90 Grad versetzt (kreuzgegenständig).

BLÄTTER
Groß, gegenständig, mit fünf sehr runden, wenig eingeschnittenen und wenig gesägten Lappen. Die Einschnitte zwischen den Lappen sind spitz und wenig tief. Die 5 Hauptblattadern sind angeordnet wie die Finger einer ausgebreiteten Hand. Blattstiele lang, dünn. Blätter oberseits graugrün und unterseits wenig behaart.

ZWEIGE
Gegenständig, glänzend, gelblich braun, unbehaart, mit gut sichtbaren Korkwarzen. Wenn man sie zerbricht, setzen sie eine durchsichtige Flüssigkeit frei.

BLÜTEN
Zwittrig, sie erscheinen vor den Blättern. Blüten grünlich gelb, in endständigen Rispen hängend.

FRÜCHTE
Zwei geflügelte Samen (Nüsse). Die Fruchtflügel liegen zuerst parallel und spreizen sich bei Reife. Wenn die Früchte im Herbst zu Boden fallen, drehen sie sich wie Propeller.

Feld-Ahorn

Was macht ihn interessant?

Der Feld-Ahorn ist eine häufig anzutreffende Art an Waldrändern und Hecken.

Ökologie

Der Feld-Ahorn ist eine verbreitete Baumart in europäischen Wäldern, hier wurde er jedoch angepflanzt. Im Norden ist er bis Dänemark und Südschweden zu finden. Er fehlt in Portugal und ist auch im restlichen Mittelmeerraum kaum vorhanden, hier nimmt der Felsen-Ahorn seinen Platz ein. Er wächst nicht oberhalb von 800–1000 m. Er benötigt Licht und verträgt schlecht die Konkurrenz anderer Arten, daher wächst er vor allem in Hecken, an Waldrändern und in lichten Wäldern. Man findet ihn vorzugsweise auf kalkhaltigen oder nährstoffreichen Böden, nicht auf sauren Böden. Er ist gleichzeitig tolerant gegenüber Wärme, Trockenheit und im Winter sehr durchnässte Böden.

Phänologische Entwicklungsstadien

Siehe Steckbrief des Berg-Ahorns, S. 76–79.

PHÄNOLOGISCHER KALENDER

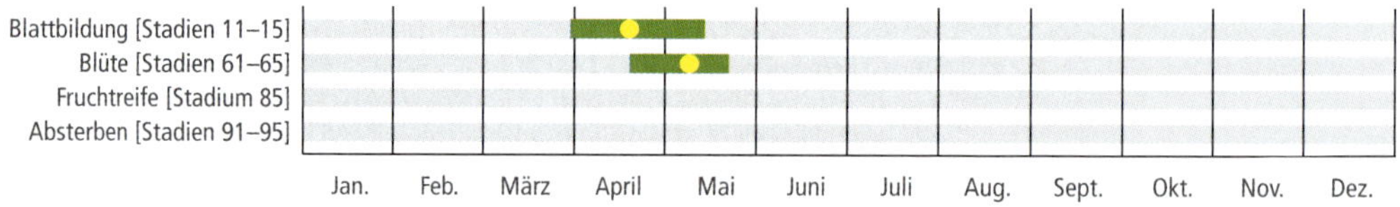

Bestimmungsmerkmale

Er ist ein kleiner Baum von 10–15 m Höhe, bildet aber häufig auch einen Strauch. Seine sehr helle, weißlich bis gelbliche Rinde bleibt lange glatt, später wird sie schuppig und rissig.

BLÄTTER
Gegenständig, klein, unterseits leicht flaumig behaart, mit 5 abgerundeten Hauptlappen, die wiederum in kleinere Lappen unterteilt sind. Einschnitte zwischen den Lappen spitz und tief. Blattadern angeordnet wie die Finger einer ausgebreiteten Hand. Blattstiel lang, schmal.

BLÜTEN
Meist zwittrig, aber zuweilen auch eingeschlechtig. Blüten klein, grünlich gelb, aufrecht in endständigen, lockeren Blütenständen. Blütenbildung zur gleichen Zeit wie die Blattbildung.

FRÜCHTE
Zwei geflügelte Samen (Nüsse). Die Fruchtflügel stehen waagerecht voneinander ab. Wenn die Früchte im Herbst zu Boden fallen, drehen sie sich wie Propeller.

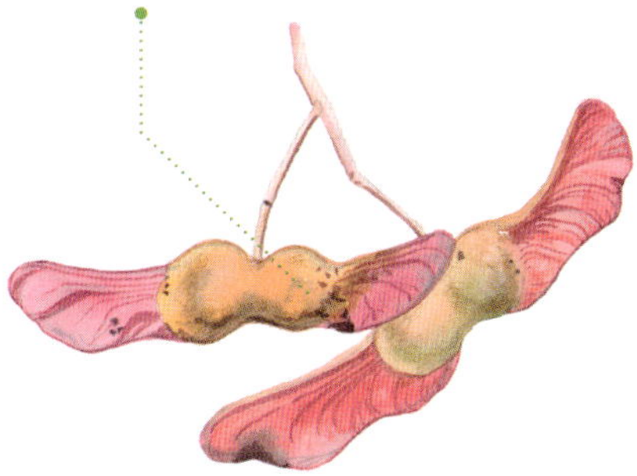

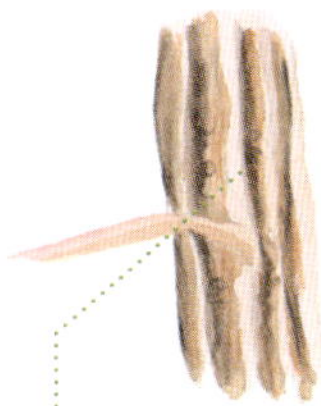

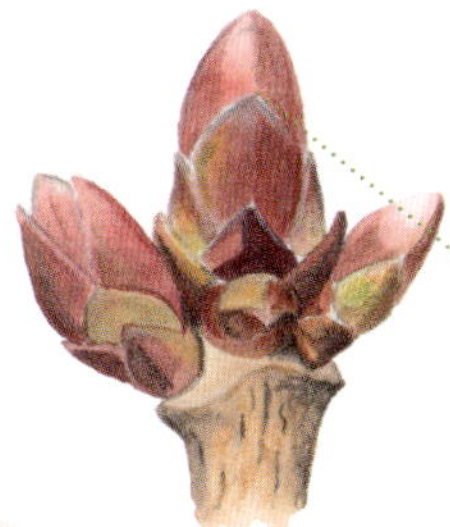

KNOSPEN
Sehr klein, oval, mit beigen, behaarten Schuppen an der Spitze, an der Basis grün. Die Seitenknospen stehen einander am Zweig gegenüber und sind auf jeder Ebene sukzessive um 90 Grad versetzt (kreuzgegenständig).

ZWEIGE
Hellbraun, gegenständig, junge Zweige leicht flaumig behaart. Alte Zweige können gut sichtbare Korkleisten aufweisen (wie die Feld-Ulme). An Bruchstellen tritt milchiger Saft aus.

Französischer/Felsen-Ahorn

Was macht ihn interessant?

Er ist mit der Flaum-Eiche und der Stein-Eiche eine verbreitete Art in mediterranen Wäldern. In Mitteleuropa findet er sich nur in den deutschen Weinbaugebieten an Mosel, Nahe, Rhein und Main.

Ökologie

Der Felsen-Ahorn, auch Französischer Ahorn genannt, ist eine südliche Art, die im Mittelmeergebiet verbreitet ist. Dort findet er sich vor allem in Hügel- und Bergregionen (bis 800 m Höhe). Der Felsen-Ahorn liebt die Wärme und das Licht und verträgt gut Trockenheit. In seinem natürlichen Verbreitungsgebiet wächst er zusammen mit der Flaum-Eiche und der Stein-Eiche (ohne die Temperaturgrenzen dieser Arten zu erreichen) auf nährstoffreichen Böden und meist über Kalkstein. In Mischwäldern wird er eher angepflanzt als der Feld-Ahorn, dessen Platz er in den mediterranen Regionen einnimmt. Trotz seiner Affinität für warmes und trockenes Klima erträgt der Felsen-Ahorn auch kalte Winter gut. Er wird daher häufiger als Zierbaum angepflanzt.

Herbstliche Blattfärbung des Felsen-Ahorns

Phänologische Entwicklungsstadien

Siehe Steckbrief des Berg-Ahorns, S. 76–79.

PHÄNOLOGISCHER KALENDER

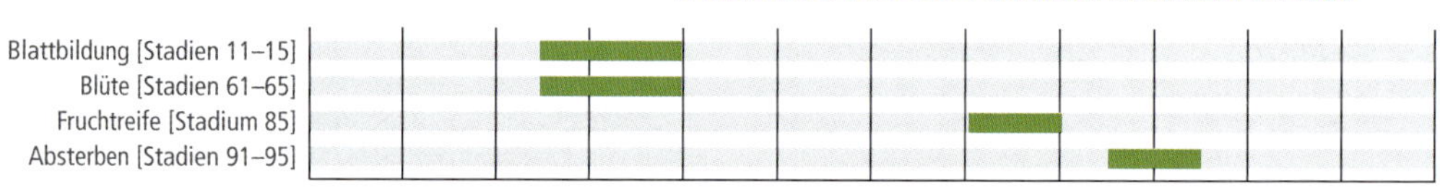

Acer monspessulanum L. / Sapindaceae

Bestimmungsmerkmale

In seinem natürlichen Verbreitungsgebiet zeigt sich der Felsen-Ahorn meist in Form eines sparrig verzweigten Strauches von mindestens 6 m Höhe, er kann aber bei guter Wasserversorgung zu einem kleinen Baum anwachsen und eine Höhe von 12 m erreichen.

Gewöhnliche Rosskastanie

Was macht sie interessant?

Die Gewöhnliche Rosskastanie ist als nicht einheimischer Zierbaum in ganz Mitteleuropa verbreitet. Ihre Blüte ist spektakulär, die Früchte sind ein beliebtes Sammelobjekt nicht nur für Kinder.

Ökologie

Die Rosskastanie stammt aus den nördlichen Balkanländern und gelangte 1575 nach Wien, 1615 dann nach Paris. Sie wird als Zierbaum angepflanzt (Parkanlagen, Straßenbäume).

Sie braucht nährstoffreiche, nicht saure, feuchte Böden. Trockenheit verträgt sie schlecht. Über die Jahrhunderte ist die Rosskastanie nahezu in ganz Mitteleuropa verwildert. Man findet sie daher entlang von Wegen und an Waldrändern.

Rosafarbener Blütenstand einer Rosskastanien-Hybride

Aesculus hippocastanum L. / Sapindaceae

Bestimmungsmerkmale

Sie ist ein großer Baum mit einem geraden, bis zu 30 m hohen Stamm. Ihre Äste wachsen gebogen, die Rinde alter Bäume blättert in mehr oder weniger großen Schuppen ab.

BLÜTEN
Zwittrig, unregelmäßig, in aufrechten, pyramidenförmigen Endtrauben. Kronblätter (3 oder 5) weiß, am Grund rosa oder gelb. Staubblätter vor der Reife orangefarben. Bäume mit teils intensiv rot gefärbten Blüten sind Hybriden (*Aesculus* × *carnea*) zwischen der Gewöhnlichen Rosskastanie (*A. hippocastanum*) und der Echten Pavie (*A. pavia*), die aus Nordamerika stammt.

FRÜCHTE
Früchte (Kastanien) einzeln oder zu zweien in einer Fruchtschale, die mehr oder weniger stachelig, grün und zäh ist. Früchte mahagonibraun, oben mit runder, weißlicher Zone.

ZWEIGE
Junge Zweige dick, mit weißem Mark im Inneren, braun, mit großen, sichtbaren Blattnarben und Korkwarzen. Die Verästelung ist gegenständig.

BLÄTTER
Wechselständig, groß, mit langem Blattstiel, gefiedert. Blättchen (5 oder 7) gesägt, wie zugespitzte Wassertropfen geformt und wie die Finger einer ausgebreiteten Hand angeordnet, die kleinsten (8 cm) sitzen an der Basis und die größten (25 cm) am Ende.

KNOSPEN
Sehr dick, braun, glänzend und klebrig, oval und oben spitz zulaufend. Die Endknospe ist dicker als die Seitenknospen. Die Seitenknospen sind gegenständig und auf jeder Ebene um 90 Grad versetzt (kreuzgegenständig). Auf einer Ebene ist häufig eine Knospe dicker als die andere.

Phänologische Entwicklungsstadien

BLATTBILDUNG

[Stadium 00]
Ruhende Knospen

[Stadium 07]
Aufbrechende Knospen

[Stadium 09]
Blattspitzen herausgeschoben

[Stadium 11]
Ca. 10 % der Blätter entfaltet

[Stadium 15]
Ca. 50 % der Blätter entfaltet

BLÜTENBILDUNG UND BLÜTE Rasch nach der Befruchtung der Blüten ist die Fruchtentwicklung sichtbar. Deshalb beobachtet man das Wachstum der Früchte an den befruchteten, welkenden Blüten.

[Stadium 55]
Blüten sichtbar, nicht aufgeblüht

[Stadium 61]
Ca. 10 % der Blüten aufgeblüht

[Stadium 65]
Ca. 50 % der Blüten aufgeblüht

[Stadium 69]
Die Blüten beginnen zu welken

Aesculus hippocastanum L. / Sapindaceae

FRUCHTREIFE Die Öffnung der Kastanienschalen markiert im Allgemeinen das Stadium BBCH 85.

[Stadium 79]
Früchte mit maximaler Größe, noch nicht verfärbt

[Stadium 85]
Ca. 50 % der Früchte reif, Kastanienschalen öffnen sich

ABSTERBEN Die Art reagiert besonders sensibel auf verschiedene Schädlinge, die eine frühzeitige Seneszenz verursachen. Dieser Parasitenbefall muss vermerkt werden.

[Stadium 90]
Die Blätter beginnen, sich zu verfärben oder abzufallen

[Stadium 91]
Ca. 10 % der Blätter verfärbt oder abgefallen

[Stadium 95]
Ca. 50 % der Blätter verfärbt oder abgefallen

PHÄNOLOGISCHER KALENDER

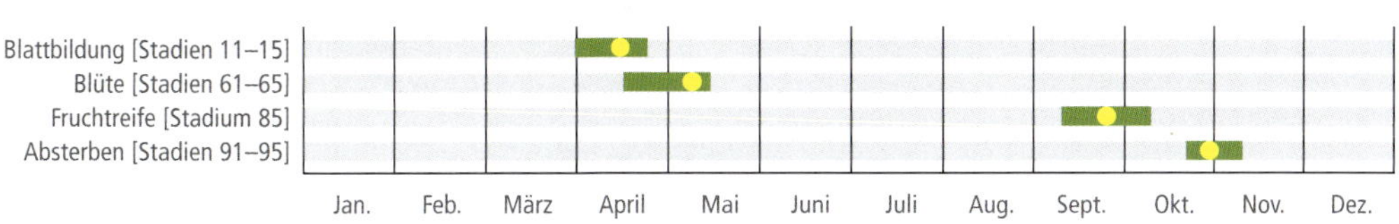

Schwarz-Erle

Was macht sie interessant?

Die Schwarz-Erle wurde ausgewählt, weil sie häufig am Rand von Wasserläufen wächst und eine spezielle Fruchtbildung und Alterung aufweist.

Ökologie

Die Schwarz-Erle wächst in ganz Europa, von Skandinavien bis zum Mittelmeer, von den Tieflagen bis ins Gebirge. Sie ist sehr tolerant in Bezug auf Temperatur und Bodenverhältnisse und somit eine Pionierbaumart. Die beiden Parameter, die ihr Auftreten bestimmen, sind das ständige Vorhandensein von Wasser (Ufer von Wasserläufen und Bächen, feuchte Täler und Mulden, Schluchtwälder, Moore, Teichufer) sowie die Konkurrenz. In Bezug auf Licht ist sie sehr anspruchsvoll, daher meidet sie die Konkurrenz anderer Arten. In den Bergen findet man die Schwarz-Erle bis zu einer Höhe von 1200 m; höher übernimmt die Grau-Erle (*Alnus incana* L. Moench) ihren Platz.

Die Schwarz-Erle bindet mithilfe des Bakteriums *Frankia alni* Stickstoff aus der Luft in ihren Wurzelknöllchen. Der Stickstoff ist somit kein limitierender Nährstoff. Die Schwarz-Erle verbraucht ihn kaum, daher sind ihre Pflanzenreste sehr stickstoffhaltig.

Sie ist eine der wenigen europäischen holzigen Arten, die einen Großteil des Jahres auf sehr nassen Böden überleben kann.

Geschlossene Blüten der Schwarz-Erle

Alnus glutinosa L. Gaertn. / Betulaceae

Bestimmungsmerkmale

Sie ist ein Baum mit geradem Stamm, pyramidenförmigem Wuchs, schnellem Wachstum und kann 20–25 m hoch werden (sie wird von allen Erlen-Arten am höchsten).

BLÄTTER
10 cm, wechselständig, rundlich, am oberen Rand wie abgeschnitten, manchmal eingekerbt, unregelmäßig gesägt, dunkelgrün. Auf der Unterseite mit roten Haarbüscheln in den Winkeln der Blattadern. Im Herbst verfärben sich die Blätter nicht gelblich, sondern schwarzbraun.

WEIBLICHE BLÜTEN
Gruppiert in kleinen, aufrechten Kätzchen, oval, purpurfarben, auf demselben Zweig wie die männlichen Kätzchen, aber eher an der Basis.

MÄNNLICHE BLÜTEN
Gruppiert in langen, hängenden Kätzchen am Zweigende.

ZWEIGE
Junge Zweige grünlich braun, bedeckt mit deutlich sichtbaren gelblichen Korkwarzen.

FRÜCHTE
Kleine, holzige, rundliche Früchte von etwa 10–20 mm Größe (ähneln einem kleinen Tannenzapfen), bei Reife schwarz. Die Samen sind klein und tragen einen kreisförmigen Flügel.

KNOSPEN
Dick, länglich, rötlich braun bis braunviolett, leicht klebrig, zu mehreren auf einem 5–7 mm lagen Stiel.

Schwarz-Erle

Phänologische Entwicklungsstadien

BLATTBILDUNG

[Stadium 00]
Ruhende Knospen

[Stadium 07]
Aufbrechende Knospen

[Stadium 09]
Blattspitzen herausgeschoben

[Stadium 11]
Ca. 10 % der Blätter entfaltet

[Stadium 15]
Ca. 50 % der Blätter entfaltet

BLÜTENBILDUNG UND BLÜTE Die männlichen und weiblichen Fortpflanzungsorgane sind ab dem Spätsommer des Vorjahres sichtbar, werden aber erst im März/April fertil. Das Stadium 55 beginnt, wenn sie größer werden.

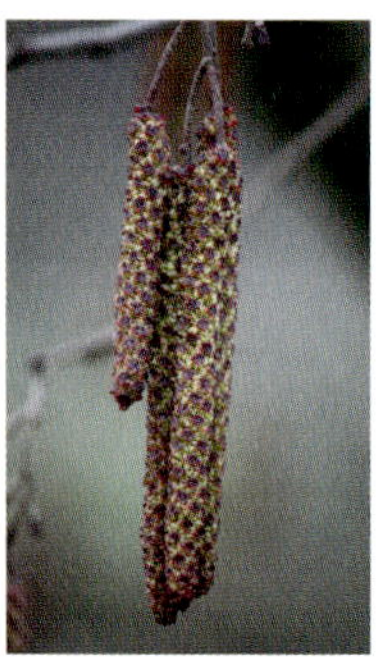

[Stadium 55]
Kätzchen am Ende ihrer Streckung, die Schuppen beginnen, sich zu spreizen

[Stadium 61]
Ca. 10 % der Kätzchen sind geöffnet, die Staubblätter setzen den Pollen frei

[Stadium 65]
Ca. 50 % der Kätzchen sind geöffnet, die Staubblätter setzen den Pollen frei

[Stadium 69]
Die Kätzchen beginnen zu welken

Alnus glutinosa L. Gaertn. / Betulaceae

FRUCHTREIFE Einmal geöffnet, trocknen die holzigen Früchte und verbleiben am Baum, sie sind häufig noch in den folgenden Jahren zu sehen. Dies gilt es zu beachten, wenn das Stadium 85 notiert wird.

[Stadium 79]
Früchte mit maximaler Größe, noch nicht verfärbt

[Stadium 85]
Ca. 50 % der Früchte reif

ABSTERBEN Die Blätter bleiben sehr lange am Baum, ohne sich zu verfärben, dann fallen sie schnell ab.

[Stadium 90]
Die Blätter beginnen, sich zu verfärben oder abzufallen

[Stadium 91]
Ca. 10 % der Blätter verfärbt oder abgefallen

[Stadium 95]
Ca. 50 % der Blätter verfärbt oder abgefallen

PHÄNOLOGISCHER KALENDER

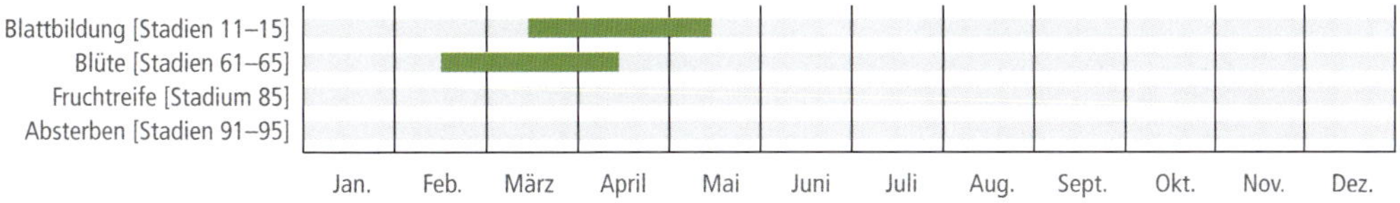

Busch-Windröschen

Was macht es interessant?

Es ist eine der ersten Arten, am Ende des Winters blüht es oft in Massen im Unterholz. Das Busch-Windröschen zeigt daher mit seinen weißen Blüten den Frühlingsanfang an. Hierzu ist anzumerken, dass in manchen Regionen der Märzenbecher (*Leucojum vernum* L.) und das Schneeglöckchen (*Galanthus nivalis* L.) noch früher erscheinen.

Ökologie

Das Busch-Windröschen ist in allen europäischen Wäldern verbreitet, von den Ebenen bis in Gebirgsregionen, außer in mediterranen Gebieten. Es ist nicht anspruchsvoll in Bezug auf Bodenbedingungen, bevorzugt aber frische und schattige Standorte. Es durchläuft seinen vollen Wachstumszyklus, bevor die Bäume ihm mit ihren Blättern das Licht rauben. Wie bei allen Frühlingsarten verschwinden die oberirdischen Pflanzenteile des Busch-Windröschens im Laufe der Vegetationsperiode.

Phänologische Entwicklungsstadien

Achtung, die Blüten schließen sich in der Nacht und bleiben an Tagen mit wenig Licht geschlossen (also eine geschlossene Blüte nicht mit einer Blüte im Stadium 55 verwechseln).

BLÜTENBILDUNG UND BLÜTE

[Stadium 55]
Blüten sichtbar, nicht aufgeblüht

[Stadium 61]
Ca. 10 % der Blüten aufgeblüht

[Stadium 65]
Ca. 50 % der Blüten aufgeblüht

PHÄNOLOGISCHER KALENDER

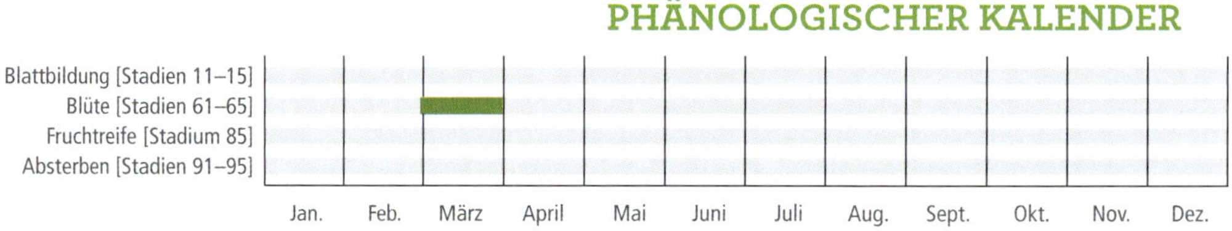

Anemone nemorosa L. / Ranunculaceae

Bestimmungsmerkmale

Es ist eine mehrjährige Pflanze, 10–25 cm hoch, die meist einen mehr oder weniger dichten Teppich bildet. Sie ist anhand ihrer weißen oder rosafarbenen Blüten leicht zu bestimmen. Ohne ihre Blüte kann das Busch-Windröschen mit dem Gelben Windröschen (*Anemone ranunculoides* L.) verwechselt werden, das hellgelbe Blüten hat.

Hänge-Birke

Was macht sie interessant?

Die Hänge-Birke wurde ausgewählt, weil sie eine weit verbreitete Art im gesamten Gebiet ist. Zudem wird wegen ihrer starken Allergenität ihr Pollenflug von nationalen Beobachtungsstellen intensiv beobachtet (Deutscher Wetterdienst, Pollenwarndienst oder Zentralanstalt für Meteorologie und Geodynamik in Österreich, Meteo Schweiz). Besonders auffällig wird sie, wenn sie bei starker sommerlicher Dürre eine frühzeitige Blattalterung zeigt.

Ökologie

Die Hänge-Birke und die Moor-Birke (*Betula pubescens* Erh.) sind zwei bedeutende Vertreter aus der Familie der europäischen Birken. Beide sind Bäume mit schnellem Wachstum und geringer Größe, die auf armen Standorten im vollen Licht und ohne Konkurrenz von anderen Arten gedeihen (Pionierarten). Man findet sie in ganz Europa, vor allem in höheren Breitengraden. In tieferen Breitengraden sind die Birken auf Bergregionen beschränkt (bis zu 2000 m), wo sie niedrigere Temperaturen und ausreichend Wasser finden. Sie wachsen auf allen möglichen Böden – von sehr sauer bis kalkhaltig und von trocken bis feucht (Torfböden). Diese große Anpassungsfähigkeit verbunden mit einer starken Samenverbreitung macht aus der Hänge-Birke einen schnellen Besiedler freier Standorte (lichte Wälder, Heiden, Wälle, alte Steinbrüche usw.). Sie ist sehr tolerant gegenüber Frost, verträgt aber keine sommerliche Trockenheit. Trotzdem findet man sie häufig an trockenen Standorten.

Herbstliche Blattfärbung der Hänge-Birke

Die Moor-Birke ihrerseits ist charakteristisch für ständig staunasse und saure Böden. Man findet sie in lichten, degradierten Wäldern, sehr feuchten und sumpfigen Wäldern gemeinsam mit Weiden, Schwarz-Erlen usw. In den Bergen wächst sie mit Berg-Kiefer *(Pinus mugo)* oder Fichte *(Picea abies)* an feuchteren und sauren Standorten.

Betula pendula Roth. / Betulaceae

Bestimmungsmerkmale

Der Baum wird selten höher als 20 m. Seine Krone ist nicht sehr dicht, und seine Äste hängen nach unten. Seine Rinde, glatt und weiß, löst sich in waagerechten Streifen. Im Alter wird sie schwärzlich, dick und springt an der Basis des Stammes auf. Die Hänge-Birke kann mit der Moor-Birke verwechselt werden, ebenso mit Hybriden aus den beiden Arten.

WEIBLICHE BLÜTEN
Kleine, längliche, aufrecht stehende Kätzchen (3 cm). Die Lappen der Schuppen sind dreieckig und grün.

ZWEIGE
Junge Zweige sind rotbraun, weich und hängen nach unten, bedeckt mit gräulichen Warzen. Die Zweige der Moor-Birke sind flaumig behaart.

KNOSPEN
Wechselständig, klein, konisch, spitz, braun.

BLÄTTER
Hellgrün, dreieckig, doppelt und fein gesägt, mit langem Blattstiel. Im Herbst verfärben sie sich hellgelb und fallen dann rasch ab. Die Blätter der Moor-Birke sind eher rautenförmig und stark behaart.

FRÜCHTE
Kleine, hängende Zapfen mit dreilappigen, dünnen Schuppen, die kleine, geflügelte Samen freisetzen. Die Zapfen zerfallen am Baum.

MÄNNLICHE BLÜTEN
Sehr lange Kätzchen (10 cm), grün, später braun, werden gelblich, wenn sie sich öffnen, hängend, sitzen direkt an den Zweigenden.

Hänge-Birke

Phänologische Entwicklungsstadien

BLATTBILDUNG Achtung, bei den Birken ergrünen die Knospenschuppen, bevor die jungen Blätter zwischen ihnen im Stadium BBCH 07 erscheinen.

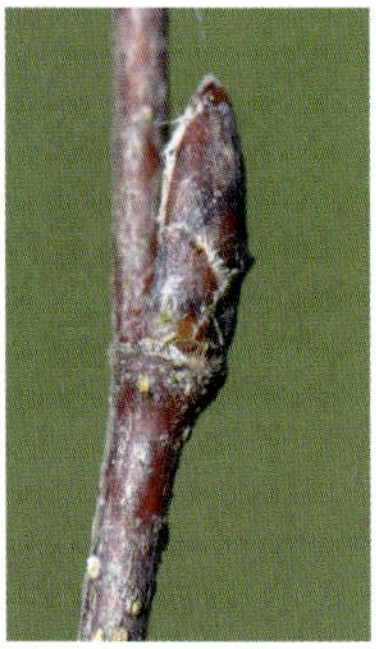

[Stadium 00]
Ruhende Knospen

[Stadium 07]
Aufbrechende Knospen

[Stadium 09]
Blattspitzen herausgeschoben

[Stadium 11]
Ca. 10 % der Blätter entfaltet

[Stadium 15]
Ca. 50 % der Blätter entfaltet

BLÜTENBILDUNG UND BLÜTE Achtung, die Kätzchen sind bereits im Herbst des vorangehenden Jahres sichtbar, weit vor dem tatsächlichen Stadium 55, wie es beschrieben und abgebildet ist. Man muss das Dickenwachstum im Frühling abwarten, um das Stadium BBCH 55 notieren zu können.

[Stadium 55]
Kätzchen am Ende ihrer Streckung, die Schuppen beginnen, sich zu spreizen

[Stadium 61]
Ca. 10 % der Kätzchen geöffnet, die Staubblätter setzen den Pollen frei

[Stadium 65]
Ca. 50 % der Kätzchen geöffnet, die Staubblätter setzen den Pollen frei

[Stadium 69]
Die Kätzchen beginnen zu welken

Betula pendula Roth. / Betulaceae

FRUCHTREIFE

[Stadium 79]
Früchte mit maximaler Größe, noch nicht verfärbt

[Stadium 85]
Ca. 50 % der Früchte reif

ABSTERBEN Das Laub kann bei sommerlicher Dürre sehr frühzeitig abfallen.

[Stadium 90]
Die Blätter verfärben sich oder beginnen abzufallen

[Stadium 91]
Ca. 10 % der Blätter verfärbt oder abgefallen

[Stadium 95]
Ca. 50 % der Blätter verfärbt oder abgefallen

PHÄNOLOGISCHER KALENDER

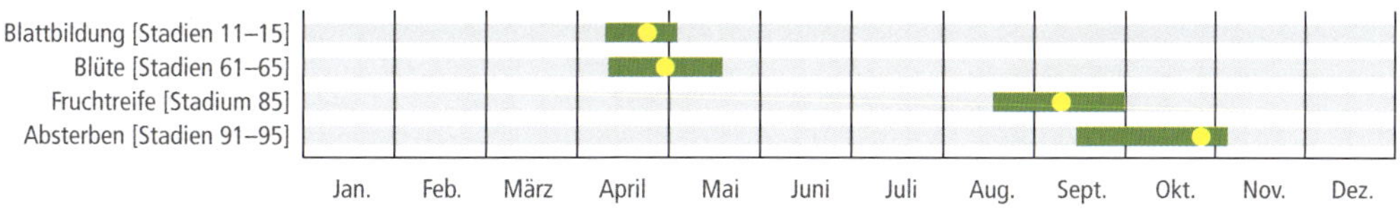

Gewöhnliche Hainbuche

Was macht sie interessant?

Die Gewöhnliche Hainbuche ist weit verbreitet – einzeln stehend in Parkanlagen, als beliebte Heckenpflanze, aber auch in Laubmischwäldern. Da sie kräftige Stockausschläge bildet, wurde sie früher zur Waldweide genutzt.

Ökologie

Die Gewöhnliche Hainbuche ist in Mittel- und Südosteuropa weit verbreitet: Man findet sie von Italien bis zur Südspitze Schwedens und von England bis zu den westlichen Grenzregionen Russlands. Sie fehlt auf der Iberischen Halbinsel. Sie ist hauptsächlich eine Art der Tiefebene und steigt in den Bergen nicht über 1000 m Höhe; trotzdem ist sie sehr widerstandsfähig gegenüber Kälte. Sie braucht Licht, verträgt aber gut den Schatten anderer Waldarten (die jungen Sämlinge können sich unter den Baumkronen entwickeln). In den Laubwäldern der Tiefebene ist sie häufig die Hauptbaumart im Unterholz oder Niederwald, da sie leicht Stockausschläge bildet. Sie toleriert ein breites Spektrum an Böden (mit Ausnahme von sehr sauren Böden) und eine recht große Bandbreite der Wasserversorgung, allerdings mit einer Vorliebe für frische, tiefgründige Böden.

Blattbildung bei der Gewöhnlichen Hainbuche

Bestimmungsmerkmale

Sie ist ein mittelgroßer Baum, der selten 25 m hoch wird. Ihre Rinde ist glatt und grau, im Gegensatz zur Buche ist ihr Stamm manchmal senkrecht weiß gefurcht und geriffelt.

BLÄTTER
Wechselständig, oval, spitz, doppelt gesägt, frischgrün. Die Blattadern treten hervor und lassen das Blatt wie geprägt wirken.

MÄNNLICHE BLÜTEN
Lange, hängende Kätzchen, grünlich.

ZWEIGE
Gewunden und rötlich braun, wenn sie jung sind.

KNOSPEN
Wechselständig, oval, spitz, länglich.

FRÜCHTE
Kleine Samen mit Längsrippen. Sie sitzen an der Basis von dreilappigen, spießförmigen Flügeln (Vorblätter) und stehen in hängenden Trauben zusammen.

WEIBLICHE BLÜTEN
Kurze Kätzchen, die fast an den Zweigenden sitzen.

Gewöhnliche Hainbuche

Phänologische Entwicklungsstadien

BLATTBILDUNG Achtung, bei den Hainbuchen ergrünen die Knospenschuppen, bevor die jungen Blätter im Stadium BBCH 07 zwischen den Schuppen erscheinen.

[Stadium 00]
Ruhende Knospen

[Stadium 07]
Aufbrechende Knospen

[Stadium 09]
Blattspitzen herausgeschoben

[Stadium 11]
Ca. 10 % der Blätter entfaltet

[Stadium 15]
Ca. 50 % der Blätter entfaltet

BLÜTENBILDUNG UND BLÜTE

[Stadium 55]
Kätzchen am Ende ihrer Streckung, die Schuppen beginnen, sich zu spreizen

[Stadium 61]
Ca. 10 % der Kätzchen geöffnet, die Staubblätter setzen den Pollen frei

[Stadium 65]
Ca. 50 % der Kätzchen geöffnet, die Staubblätter setzen den Pollen frei

[Stadium 69]
Die Kätzchen beginnen zu welken

FRUCHTREIFE

[Stadium 79]
Früchte mit maximaler Größe, noch nicht verfärbt

[Stadium 85]
Ca. 50 % der Früchte reif

ABSTERBEN Das Laub kann bei sommerlicher Dürre sehr frühzeitig abfallen.

[Stadium 90]
Die Blätter beginnen, sich zu verfärben oder abzufallen

[Stadium 91]
Ca. 10 % der Blätter verfärbt oder abgefallen

[Stadium 95]
Ca. 50 % der Blätter verfärbt oder abgefallen

PHÄNOLOGISCHER KALENDER

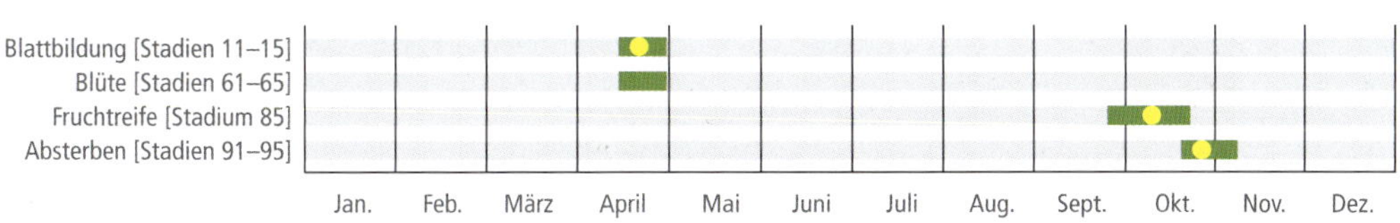

Edel-/Ess-Kastanie

Was macht sie interessant?

Die Edel-Kastanie ist eine bekannt Art, da sie in manchen ländlichen Gegenden von wirtschaftlicher Bedeutung ist (Holz, Früchte).

Ökologie

Die Edel-Kastanie ist eine europäische Art, deren Verbreitung stark vom Menschen beeinflusst wurde. Es ist deshalb schwierig, die Gebiete sicher zu identifizieren, in denen ihr Vorkommen natürlich wäre. Man nimmt an, dass die Edel-Kastanie eine Art der niedrigen und mittleren mediterranen Berge ist. Sie wächst auf armen und sauren Böden, niemals auf Kalkböden. Die Edel-Kastanie ist eine Lichtbaumart und wächst häufig zusammen mit der Trauben- *(Quercus petraea)* und Flaum-Eiche *(Quercus pubescens)*, der Wald- *(Pinus sylvestris)* und der Strand-Kiefer *(Pinus pinaster)*, aber sie verträgt nur schwer die Konkurrenz anderer Arten. In dichten Wäldern wachsen Edel-Kastanien häufig am Waldrand. Sie sind relativ anspruchsvoll in Bezug auf Wärme, tolerieren aber keine starken Fröste (sie beeinflussen die Fruchtproduktion).

Blütenstand der Edel-Kastanie: männliche Blüten im Vordergrund, weibliche grün im Hintergrund

Bestimmungsmerkmale

Die Edel-Kastanien zeigen sich entweder als Bäume mit geradem Stamm oder als Sträucher mit mehreren Stämmen. Sie sind nie besonders hoch (höchstens 25–30 m), können aber sehr breit werden.

FRÜCHTE
Die stacheligen Früchte öffnen sich im Herbst und entlassen 1–3 Samen – die bekannten Esskastanien oder Maronen.

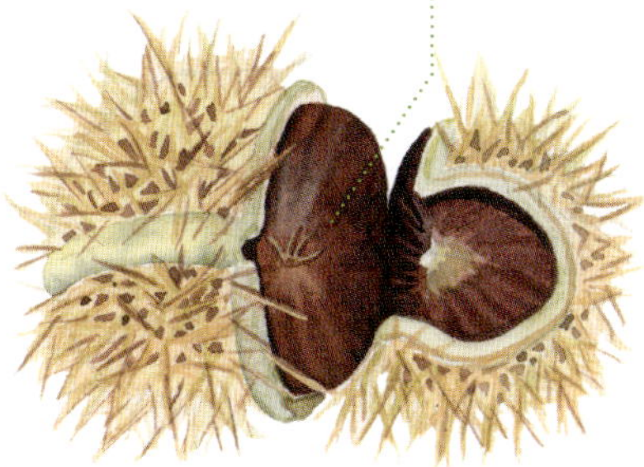

WEIBLICHE BLÜTEN
Stehen zu dritt fast an den Zweigenden.

KNOSPEN
Wechselständig, rötlich braun, kugelig.

MÄNNLICHE BLÜTEN
Lange, aufrechte, gelbliche Kätzchen, die kurz nach der vollständigen Entwicklung der Blätter erscheinen. Die Blüte ist spät (Juni–Juli).

BLÄTTER
Lanzenförmige, sehr große Blätter (10–20 cm), glänzend grün, mit gleichmäßigen und spitzen Zähnen, wechselständig. Auf der Blattunterseite treten die Blattadern stark hervor.

ZWEIGE
Junge Zweige kantig mit Blattnarben, zunächst grün, später rötlich braun. Sie tragen große, längliche Korkwarzen.

Edel-/Ess-Kastanie

Phänologische Entwicklungsstadien

BLATTBILDUNG

[Stadium 00]
Ruhende Knospen

[Stadium 07]
Aufbrechende Knospen

[Stadium 09]
Blattspitzen herausgeschoben

[Stadium 11]
Ca. 10 % der Blätter entfaltet

[Stadium 15]
Ca. 50 % der Blätter entfaltet

BLÜTENBILDUNG UND BLÜTE Die Blüten erscheinen lange nach der Entwicklung der Blätter.

[Stadium 55]
Blüten sichtbar, nicht aufgeblüht

[Stadium 61]
Ca. 10 % der Blüten aufgeblüht

[Stadium 65]
Ca. 50 % der Blüten aufgeblüht

[Stadium 69]
Die Blüten beginnen zu welken

Castanea sativa Mill. / Fagaceae

FRUCHTREIFE Die Öffnung der Früchte kennzeichnet in der Regel das Stadium 85. Allerdings fallen manche Früchte fast geschlossen ab und zeigen ebenfalls dieses Stadium an.

[Stadium 79]
Früchte mit maximaler Größe, noch nicht verfärbt

[Stadium 85]
Ca. 50 % der Früchte reif

ABSTERBEN Diese Art reagiert besonders empfindlich auf verschiedene Schädlinge, die eine frühzeitige Alterung bewirken. Dieser Parasitenbefall muss notiert werden.

[Stadium 90]
Die Blätter beginnen, sich zu verfärben oder abzufallen

[Stadium 91]
Ca. 10 % der Blätter verfärbt oder abgefallen

[Stadium 95]
Ca. 50 % der Blätter verfärbt oder abgefallen

PHÄNOLOGISCHER KALENDER

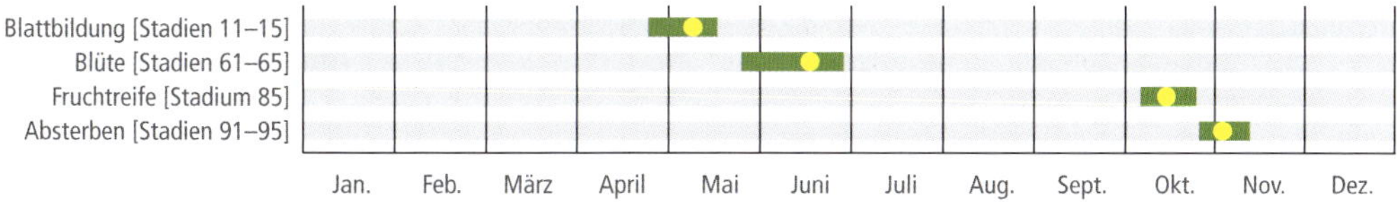

Herbst-Zeitlose

Was macht sie interessant?

Diese Art wurde wegen ihrer spektakulären Blüte am Ende des Sommers ausgewählt.

Ökologie

Die Herbst-Zeitlose liebt das volle Licht und Wasser, daher findet man sie hauptsächlich in nassen Wiesen, am Gewässerrand oder auch in frischen und lichten Wäldern. Sie begleitet Erlen, Eschen und Stiel-Eichen. Es gibt viele Gartenformen dieser Art. Sie sucht feuchte, tonhaltige und lehmige, basische bis schwach saure Böden.

Phänologische Entwicklungsstadien

BLÜTENBILDUNG UND BLÜTE Im Gegensatz zum Krokus hat sie während ihrer Blüte am Ende des Sommers keine Blätter.

[Stadium 55]
Blüten sichtbar,
nicht aufgeblüht

[Stadium 61]
Ca. 10 % der Blüten
aufgeblüht

[Stadium 65]
Ca. 50 % der Blüten
aufgeblüht

PHÄNOLOGISCHER KALENDER

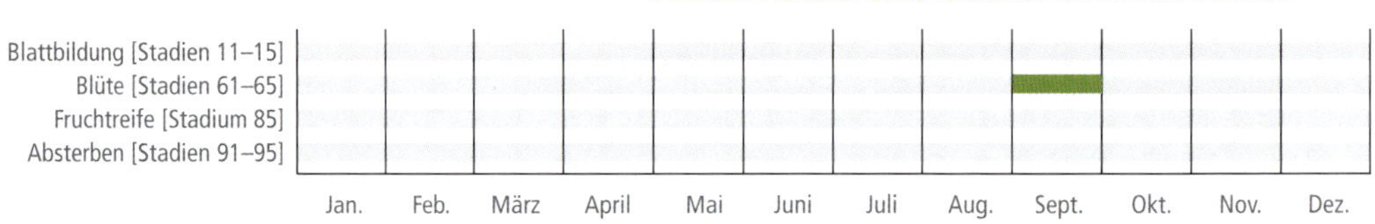

Bestimmungsmerkmale

Die Herbst-Zeitlose ist eine mehrjährige Pflanze, die 10–30 cm hoch wird. Sie blüht gegen Ende des Sommers auf Wiesen. Die Früchte bilden sich erst im folgenden Frühsommer, dann erscheinen auch die Blätter.

Maiglöckchen

Was macht es interessant?

Das Maiglöckchen hat auffallende, weiße, glockenförmige und duftende Blüten. Es wächst in Gärten und Wäldern und ist ein beliebter Frühlingsblüher.

Ökologie

Das Maiglöckchen ist in Mittel- und Westeuropa beheimatet, wurde aber als Zierpflanze auch in anderen Teilen Europas eingeführt. Man findet es in Höhen bis 1500 m. Es wächst auf sehr verschiedenen Böden, auch auf nährstoffarmen, sauren oder kalkhaltigen, an trockenen bis frischen Standorten. Es entwickelt sich im Unterholz, häufig von Eichen und Buchen. Es ist eine Charakterart «alter Wälder», die sich mithilfe der Samen und Rhizome langsam ausbreitet.

Phänologische Entwicklungsstadien

Kulturvarietäten sind in ihrer Entwicklung frühzeitiger als die Wildarten. Daher muss angegeben werden, ob sich die Beobachtung auf eine Kulturvarietät oder die Wildform bezieht.

BLÜTENBILDUNG UND BLÜTE

[Stadium 55]
Blüten sichtbar, nicht aufgeblüht

[Stadium 61]
Ca. 10 % der Blüten aufgeblüht

[Stadium 65]
Ca. 50 % der Blüten aufgeblüht

PHÄNOLOGISCHER KALENDER

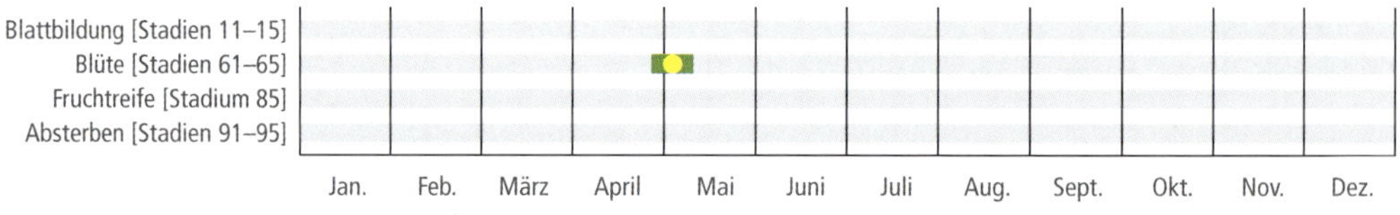

Convallaria majalis L. / Asparagaceae

Bestimmungsmerkmale

Das Maiglöckchen ist eine mehrjährige Pflanze und wird 10–30 cm hoch.

Kornelkirsche

Was macht sie interessant?

Die Kornelkirsche ist eine der ersten Arten, die gegen Ende des Winters blühen (wie die Hasel). Wenn ihre kleinen, gelben Blüten erscheinen, blüht kein anderer Strauch oder Baum, mit dem man sie verwechseln könnte. Ihre Früchte sind essbar und dienen vielen Vögeln als Nahrung.

Ökologie

Die Kornelkirsche ist in Mittel- und Südosteuropa bis nach Kleinasien verbreitet. In Europa entspricht ihre Nordgrenze ungefähr der Höhe Belgiens. Wie bei allen Obstbäumen ist ihr geographischer Ursprung ebenso wie ihr natürliches Verbreitungsgebiet kaum bekannt, da sie stark vom Menschen verbreitet wurde. Dieser Strauch der Tiefebene wird nahezu ausschließlich in trockenen Wäldern (besonders am Waldrand) beobachtet. Er wächst auf Kalkböden, die häufig flachgründig sind. Die Kornelkirsche ist anspruchsvoller in Bezug auf Wärme und toleranter gegenüber Trockenheit als der verwandte Blutrote Hartriegel.

Die Kornelkirsche wächst häufig in trockenen Buchen-Eichen- oder Flaum-Eichenwäldern, auf kalkhaltigen Hochebenen und an nach Süden ausgerichteten Berghängen. Die Kornelkirsche ist eher eine Pionierpflanze als der Blutrote Hartriegel. Sie benötigt Licht und verschwindet, sobald ein Bestand dichter wird. Man findet sie nicht oberhalb von 1500 m, in der Ebene toleriert sie ein gewisses Maß an Kälte. In Gärten findet man Sorten mit besonders leckeren Früchten sowie reine Ziersorten.

Blühende Kornelkirsche

Bestimmungsmerkmale

Sie ist ein Strauch von 2–6 m Höhe oder unter günstigen Bedingungen auch ein kleiner, 8–10 m hoher Baum.

BLÜTEN
Zwittrig, sie erscheinen vor den Blättern und sehr früh im Jahr gegen Ende des Winters. Sie sind gelb, mit 4 kleinen Kronblättern, in kleinen gegenständigen Dolden seitlich an Kurztrieben. Jede Dolde wird an der Basis von 4 grünen, gebogenen (konkaven) und immergrünen Hochblättern umschlossen.

BLÄTTER
Oval und länglich (2–4 cm breit und 4–10 cm lang), laufen allmählich in eine verlängerte Spitze aus. Die 6–7 Aderpaare sind gut sichtbar und laufen zur Blattspitze zusammen. Auf der Blattunterseite parallel angeordnete Härchen, vor allem auf den Blattadern, Bärtchen in den Achseln der Blattadern. Blätter grün, unterseits eher blass, mit kurzen Blattstielen, gegenständig.

FRÜCHTE
Längliche bis runde Kirschen (1–2 cm), wachsen einzeln oder zu zweit, erst grün, bei Reife dunkelrot mit großem Kern und säuerlichem Fruchtfleisch.

KNOSPEN
Grünlich gelb bis graubraun, mit Härchen bedeckt, mittelgroß (5–7 mm), länglich, lanzenförmig, gegenständig. Die Blütenknospen sind rundlich mit kurzem Stiel, im Winter sichtbar.

ZWEIGE
Junge Zweige grünlich braun, gegenständig und leicht behaart, wenn sie jung sind. Die Spitze des Jahrestriebes hat einen quadratischen Querschnitt. Die Kurztriebe zeigen jährliche Wachstumsnarben. Kleine, gräuliche, 2–5 mm lange Hülle an der Basis des Jahrestriebes.

Kornelkirsche

Phänologische Entwicklungsstadien

BLATTBILDUNG

[Stadium 00]
Ruhende Knospen

[Stadium 07]
Aufbrechende Knospen

[Stadium 09]
Blattspitzen herausgeschoben

[Stadium 11]
Ca. 10 % der Blätter entfaltet

[Stadium 15]
Ca. 50 % der Blätter entfaltet

BLÜTENBILDUNG UND BLÜTE

Die Blüte erscheint vor der Blattbildung.

[Stadium 55]
Blüten sichtbar, nicht aufgeblüht

[Stadium 61]
Ca. 10 % der Blüten aufgeblüht

[Stadium 65]
Ca. 50 % der Blüten aufgeblüht

[Stadium 69]
Die Blüten beginnen zu welken

Cornus mas L. / Cornaceae

FRUCHTREIFE

[Stadium 79]
Früchte mit maximaler Größe, noch nicht verfärbt

[Stadium 85]
Ca. 50 % der Früchte reif

ABSTERBEN Blätter, die der Sonne ausgesetzt sind, färben sich manchmal sehr früh im Jahr rot.

[Stadium 90]
Die Blätter beginnen, sich zu verfärben oder abzufallen

[Stadium 91]
Ca. 10 % der Blätter verfärbt oder abgefallen

[Stadium 95]
Ca. 50 % der Blätter verfärbt oder abgefallen

PHÄNOLOGISCHER KALENDER

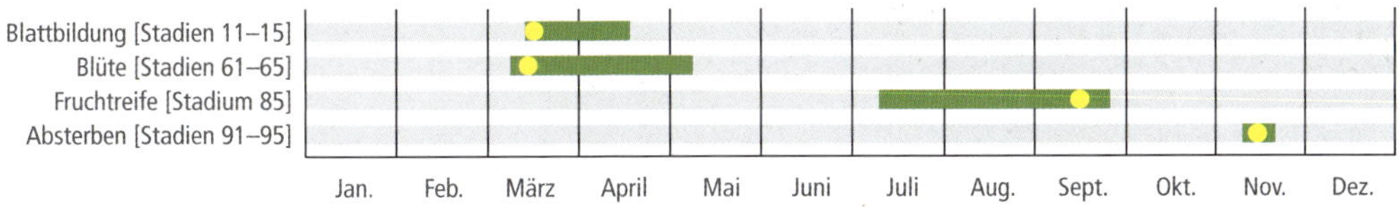

Blutroter Hartriegel

Was macht ihn interessant?

Der Blutrote Hartriegel ist ein weit verbreiteter Strauch, er wächst in Wäldern, an Waldrändern und in Hecken. Seine Früchte sind essbar und dienen vielen Vögeln als Nahrung. Die Blätter (und Zweige) nehmen im Herbst eine gut erkennbare rote Farbe an.

Ökologie

Den Blutroten Hartriegel findet man sehr viel häufiger als die Kornelkirsche. Er wächst in ganz Europa, von Südskandinavien bis ins Innere der Iberischen Halbinsel und von den Britischen Inseln bis in den Westen Russlands und im Süden bis in den Nordiran. Häufig wachsen zwei Exemplare nebeneinander. Der Blutrote Hartriegel stellt weniger hohe Anforderungen an den Standort als die Kornelkirsche, bevorzugt aber nährstoffreiche Böden. Man findet ihn an Waldrändern mit dem Schwarzdorn (Schlehe), in Buchen-Eichen-Wäldern auf kalkhaltigen Hochebenen, in nicht zu trockenen Flaum-Eichenwäldern, auch in Stiel-Eichenwäldern auf reichen Böden, sogar winterfeuchte Böden toleriert er (im Unterschied zur Kornelkirsche). Der Blutrote Hartriegel leidet nicht unter Kälte, gedeiht aber an warmen und sonnigen Standorten besser. Er toleriert Schatten und damit Waldstandorte besser als die Kornelkirsche.

Sich entwickelnde Blüte des Blutroten Hartriegels

Cornus sanguinea L. / Cornaceae

Bestimmungsmerkmale

Der Strauch wird höchstens 1–5 m hoch und ist in Wäldern und Hecken häufig zu finden.

BLÜTEN
Zwittrig, die Blüten erscheinen nach den Blättern. Weiße Blüten in schirmchenförmigen, kurz gestielten Rispen an der Zweigspitze, die 4 Kronblätter sind länger als breit.

BLÄTTER
Weich, oval bis länglich (3–4 cm breit und 5–6 cm lang), enden in einer kurzen Spitze. Die 3–4 Aderpaare laufen zur Blattspitze zusammen. Blattunterseite kurz behaart, wie zerzaust (nicht parallel wie bei der Kornelkirsche), ohne Bärtchen in den Achseln der Blattadern. Blätter beidseits grün, mit kurzen Stielen, gegenständig.

FRÜCHTE
Klein (5–8 mm), rund, bläulich schwarz, grünes Fruchtfleisch und dicker Kern.

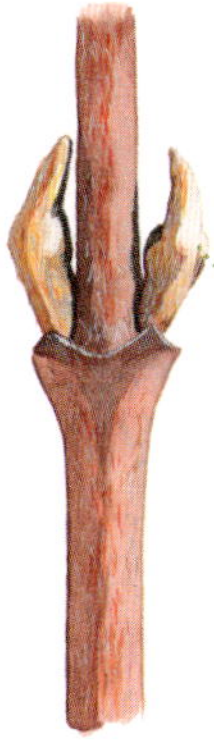

KNOSPEN
Rötlich dunkelbraun mit 2 oder 4 Schuppen, die mit kurzen Härchen bedeckt sind, klein (4–5 mm), länglich, gegenständig und dicht am Zweig. Die Knospenspitze krümmt sich in Richtung Zweig, der unbehaart und zylindrisch ist (besonders die jungen Zweige). Blütenknospen im Winter nicht sichtbar.

ZWEIGE
Junge Zweige mit zylindrischem Querschnitt oder leicht oval, unbehaart, grün, gehen ins Blutrote über, wenn sie der Sonne ausgesetzt sind.

Blutroter Hartriegel

Phänologische Entwicklungsstadien

BLATTBILDUNG

[Stadium 00]
Ruhende Knospen

[Stadium 07]
Nicht beobachtet, denn zu vergänglich und aufgrund der besonderen Schuppen schwer zu erkennen

[Stadium 09]
Blattspitzen herausgeschoben

[Stadium 11]
Ca. 10 % der Blätter entfaltet

[Stadium 15]
Ca. 50 % der Blätter entfaltet

BLÜTENBILDUNG UND BLÜTE Rasch nach der Befruchtung der Blüten ist die Fruchtentwicklung sichtbar. Deshalb beobachtet man an den befruchteten, bereits welkenden Blüten das Wachstum der Früchte.

[Stadium 55]
Blüten sichtbar, nicht aufgeblüht

[Stadium 61]
Ca. 10 % der Blüten aufgeblüht

[Stadium 65]
Ca. 50 % der Blüten aufgeblüht

[Stadium 69]
Die Blüten beginnen zu welken

Cornus sanguinea L. / Cornaceae

FRUCHTREIFE

[Stadium 79]
Früchte mit maximaler Größe, noch nicht verfärbt

[Stadium 85]
Ca. 50 % der Früchte reif

ABSTERBEN Blätter, die der Sonne ausgesetzt sind, können sich sehr früh im Jahr rot verfärben.

[Stadium 90]
Die Blätter beginnen, sich zu verfärben oder abzufallen

[Stadium 91]
Ca. 10 % der Blätter verfärbt oder abgefallen

[Stadium 95]
Ca. 50 % der Blätter verfärbt oder abgefallen

PHÄNOLOGISCHER KALENDER

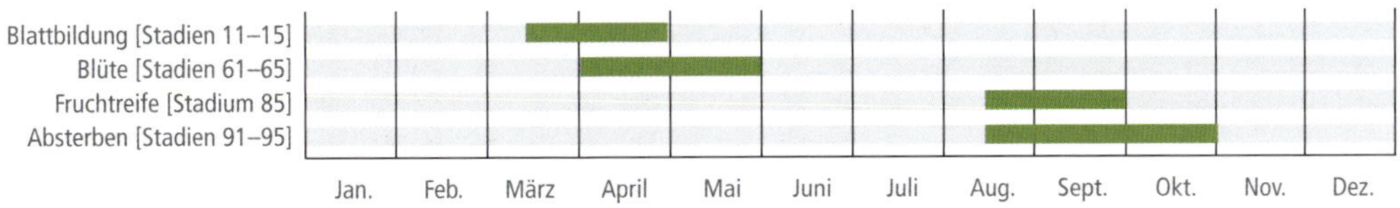

Gewöhnliche Hasel

Was macht sie interessant?

Die Hasel ist ein weit verbreiteter Strauch, der im Unterholz wächst. Er blüht sehr früh (ab Januar). Nicht nur dem Menschen, auch vielen Vögeln und Säugetieren dienen die Nüsse als Nahrung.

Ökologie

Der Haselstrauch ist in ganz Europa bis in den Ural weit verbreitet. Man findet ihn in lichten Wäldern, an Waldrändern und in Hecken. Er toleriert die meisten Standortfaktoren, verträgt aber keine sehr feuchten oder sehr sauren Böden. Er passt sich gut an Schatten an, fruchtet dann aber nicht so reich wie an sonnigen Standorten. Er widersteht gut Winterkälte.

Weibliche Blüte des Haselstrauchs

Bestimmungsmerkmale

Der Strauch ist 2–5 m hoch und erscheint in der Regel als buschige Kugel, da jedes Jahr viele gerade Schösslinge aus der Stammbasis austreiben (Stockausschlag). Die Rinde ist dünn, glatt, bräunlich bis gräulich, mit kleinen, rundlichen deutlichen Unebenheiten (Korkwarzen, Lentizellen). Er kann mit kleinen Linden verwechselt werden.

MÄNNLICHE BLÜTEN
Längliche, hängende Kätzchen, 2–8 cm lang, erst braun, bei Reife gelblich. Sie hängen ab dem Spätsommer an der Basis der diesjährigen Zweige.

WEIBLICHE BLÜTEN
Sie erscheinen vor den Blättern gegen Ende des Winters und gleichen kleinen Knospen. Die Blüte erkennt man an den kurzen, purpurroten und gut sichtbaren Griffeln.

FRÜCHTE
Nussfrucht (Haselnuss) mit membranartiger, fransiger Hülle (Fruchtbecher) und einer verholzten, glatten Fruchtwand.

ZWEIGE
Ockerbraun in der Sonne und olivbraun im Schatten.

KNOSPEN
Wechselständig, braun in der Sonne und grün im Schatten, klein (4–5 mm) und rund. Schuppen mit kurzen, weißlichen Haaren an der Spitze (bewimpert). Triebspitzen mit kleinen, rauen Drüsenhaaren.

BLÄTTER
Wechselständig, groß (5–12 cm), nahezu rund, deutlich spitz zulaufend und an der Basis herzförmig. Ränder doppelt gesägt, beidseits rau behaart, die Haare sind besonders im Frühling sichtbar.

Gewöhnliche Hasel

Phänologische Entwicklungsstadien

BLATTBILDUNG Achtung, bei dieser Art ergrünen die Knospenschuppen, bevor die jungen Blätter im Stadium BBCH 07 erscheinen.

[Stadium 00]
Ruhende Knospen

[Stadium 07]
Aufbrechende Knospen

[Stadium 09]
Blattspitzen herausgeschoben

[Stadium 11]
Ca. 10 % der Blätter entfaltet

[Stadium 15]
Ca. 50 % der Blätter entfaltet

BLÜTENBILDUNG UND BLÜTE Die Blüten erscheinen lange vor den Blättern.

[Stadium 55]
Kätzchen sichtbar, nicht aufgeblüht

[Stadium 61]
Ca. 10 % der Kätzchen aufgeblüht

[Stadium 65]
Ca. 50 % der Kätzchen aufgeblüht

[Stadium 69]
Die Kätzchen beginnen zu welken

FRUCHTREIFE Das Stadium 85 ist erreicht, wenn die Basis der Fruchtwand braun geworden ist und sich die Nüsse leicht lösen.

[Stadium 79]
Früchte mit maximaler Größe, noch nicht verfärbt

[Stadium 85]
Ca. 50 % der Früchte reif

ABSTERBEN

[Stadium 90]
Die Blätter beginnen, sich zu verfärben oder abzufallen

[Stadium 91]
Ca. 10 % der Blätter verfärbt oder abgefallen

[Stadium 95]
Ca. 50 % der Blätter verfärbt oder abgefallen

PHÄNOLOGISCHER KALENDER

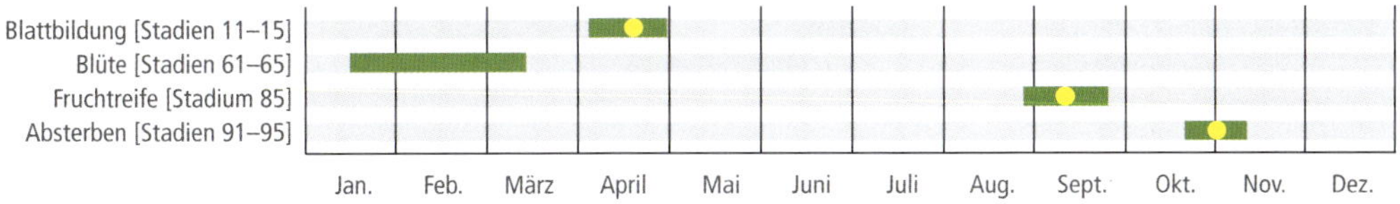

WEISSDORN-ARTEN

Die beiden Weißdorn-Arten gehören zur Gattung *Crataegus*. Es sind Sträucher von 1–4 m Höhe mit langer Lebenszeit, in jungen Jahren ist ihre Rinde glatt und grau, im Alter wird sie schuppig. Sie wurden ausgewählt, weil sie im gesamten Gebiet und an verschiedenen Standorten verbreitet sind: im Unterholz des Waldes ebenso wie am Waldrand und als Hecken.

Zweigriffliger Weißdorn

Ökologie

Der Zweigrifflige Weißdorn ist weit verbreitet und wächst in bis zu 1600 m Höhe, seltener findet man ihn an der Atlantikküste und im Mittelmeergebiet. Er ist in Hecken und an Waldrändern weit verbreitet (häufig mit Eingriffligem Weißdorn, Schlehe, Hunds-Rose, Hartriegel usw.). Man findet ihn auch häufig in Buchen-Eichen-Wäldern, dort an eher frischen Standorten auf kalkhaltigen Böden, aber auch auf schwach saurem Boden. Auch in Stiel-Eichenwäldern, die im Winter stark durchnässt sind, ist er zu finden. Er bildet leicht Stockausschläge.

Phänologische Entwicklungsstadien

Siehe Steckbrief des Eingriffligen Weißdorns, S. 126–129.

PHÄNOLOGISCHER KALENDER

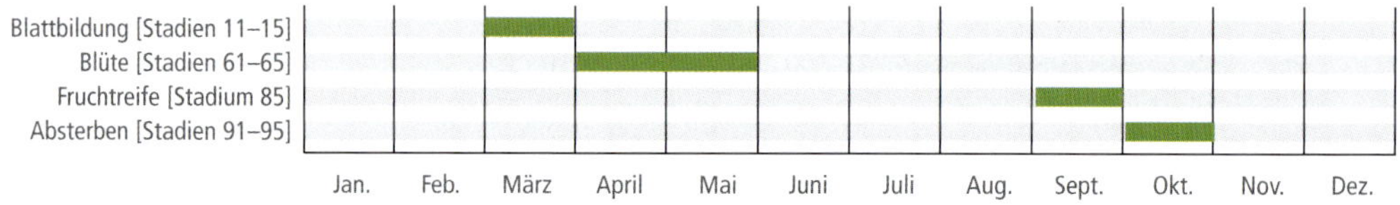

Crataegus laevigata (Poir.) DC / Rosaceae

Bestimmungsmerkmale

BLÄTTER
Auf der Oberfläche dunkelgrün und glänzend, gesägt, am oberen Rand leicht gelappt. Die Blattadern laufen Richtung Blattspitze zusammen. Die Blattspreite bildet an ihrer Basis einen spitzen Winkel.

KNOSPEN
Klein, rundlich, gelblich weiß.

ZWEIGE
Stachelig, aschgrau.

BLÜTEN
8–15 mm (beim Eingriffligen Weißdorn größer), Zwitter, sie stehen in Sträußen zusammen. Mit 5 weißen Kronblättern und 2 oder 3 Griffeln. Vor der Reife sind die Staubblätter rot. Der Duft ist eher unangenehm.

FRÜCHTE
Ovale Beeren, bei Reife rot, enthalten meist 2 (oder 3) Kerne.

Eingriffliger Weißdorn

Ökologie

Er wächst im gesamten Gebiet und in den Bergen in bis zu 1600 m Höhe. Der Eingrifflige Weißdorn ist häufig in Hecken und an Waldrändern zu finden (oft gemeinsam mit Zweigriffligem Weißdorn, Schlehe, Hunds-Rose, Hartriegel usw.). Er ist eine eher wärmeliebende Art, die man vorzugsweise in kalkreichen, trockenen bis frischen Buchen-Eichen-Wäldern und Stiel-Eichenwäldern (sogar in Stein-Eichenwäldern) findet. Er wächst auch in Buchen-Eichen-Wäldern auf sauren Böden, in nährstoffreichen Stein-Eichenwäldern auf Böden, die im Winter stark durchnässt sind, oder auch in feuchten Wäldern zusammen mit Schwarz-Erlen. Er bildet leicht Stockausschläge.

Wie werden beide Arten sicher unterschieden?

Der Eingriffflige und der Zweigrifflige Weißdorn bilden leicht Hybriden und erzeugen Individuen mit untypischen Blattbeschaffenheiten. Manchmal findet man sogar verschiedene Blattmorphologien an einem einzelnen Individuum. Das einzige verlässliche Kriterium, um die beiden Arten zu identifizieren, ist die Anzahl der Kerne in ihren Beeren.

Blüten des Eingriffligen Weißdorns

Bestimmungsmerkmale

BLÄTTER
Blass hellgrün, mit 3–7 gesägten Lappen, die tief eingekerbt sind. Die Nebenadern laufen Richtung Blattspitze auseinander. Die Blattspreite ist an ihrer Basis ausgestellt.

BLÜTEN
Zwitter. Sie tragen 5 weiße oder rosa Kronblätter und stehen in Gruppen zusammen. Vor der Reife sind die Staubblätter rosa. Mit nur einem einzelnen Griffel. Ihr (starker) Duft ist recht angenehm.

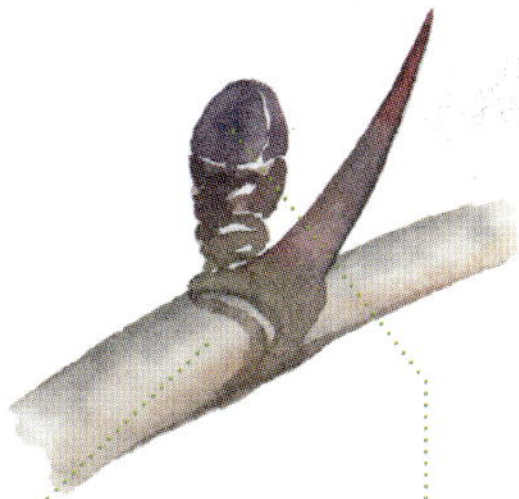

FRÜCHTE
Ovale Beeren, bei Reife rot, enthalten meist einen einzelnen Kern.

KNOSPEN
Klein, kugelig, rotbraun.

ZWEIGE
Stachelig, aschgrau.

Eingriffliger Weißdorn

Phänologische Entwicklungsstadien

BLATTBILDUNG

[Stadium 00]
Ruhende Knospen

[Stadium 07]
Aufbrechende Knospen

[Stadium 09]
Blattspitzen herausgeschoben

[Stadium 11]
Ca. 10 % der Blätter entfaltet

[Stadium 15]
Ca. 50 % der Blätter entfaltet

BLÜTENBILDUNG UND BLÜTE

[Stadium 55]
Blüten sichtbar, nicht aufgeblüht

[Stadium 61]
Ca. 10 % der Blüten aufgeblüht

[Stadium 65]
Ca. 50 % der Blüten aufgeblüht

[Stadium 69]
Die Blüten beginnen zu welken

Crataegus monogyna Jacq. / Rosaceae

FRUCHTREIFE

[Stadium 79]
Früchte mit maximaler Größe, noch nicht verfärbt

[Stadium 85]
Ca. 50 % der Früchte reif

ABSTERBEN

[Stadium 90]
Die Blätter beginnen, sich zu verfärben oder abzufallen

[Stadium 91]
Ca. 10 % der Blätter verfärbt oder abgefallen

[Stadium 95]
Ca. 50 % der Blätter verfärbt oder abgefallen

PHÄNOLOGISCHER KALENDER

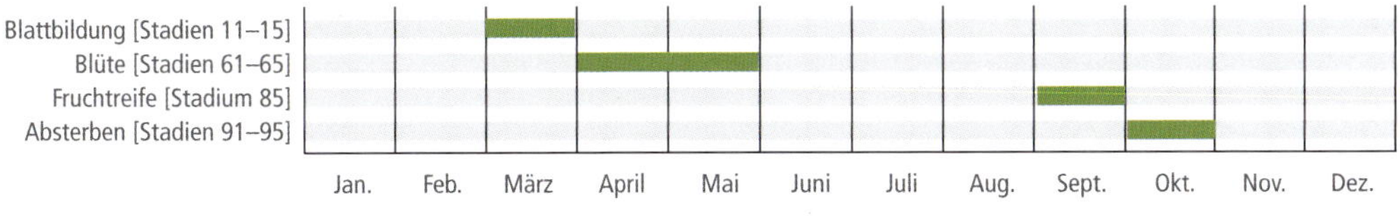

Besenginster

Was macht ihn interessant?

Der Besenginster ist in weiten Teilen Europas verbreitet, seine gelbe Blüte ist spektakulär.

Ökologie

Der Besenginster ist in ganz Europa verbreitet, außer in der Mittelmeerregion und in großen Höhen, da er weder starke Hitze, noch Perioden großer Kälte verträgt. Dagegen findet man ihn häufig im Flachland und in mittleren Höhenlagen. Er wächst auf sauren und gut drainierten Böden, die aber nicht zu nährstoffarm sein dürfen. Er besiedelt recht schnell offene Standorte, Heidelandschaften, Waldränder und entwaldete Flächen, da er viel Licht benötigt.

Besenginster in Blüte

Cytisus scoparius (L.) Link / Fabaceae

Bestimmungsmerkmale

Der Besenginster ist ein 1–4 m hoher Strauch. Er kann mit anderen Geißkleearten (z. B. *Cytisus purgans*) oder Ginstern der Gattung *Genista* verwechselt werden.

BLÜTEN
Zwittrig, gelb, einzeln oder in Gruppen. Sie gleichen den Blüten von Bohnen oder grünen Erbsen. Griffel und Staubblätter sind eingerollt. Blütenknospen eiförmig, mit Blütenstiel, der von 2 Nebenblättern flankiert wird. Sie sind leicht von den Blattknospen zu unterscheiden.

KNOSPEN
Die Blattknospen sind sehr klein, kuglig, rötlich grün und dicht am Zweig.

ZWEIGE
Sie sind dünn, grün und stehen aufrecht. Die jungen Zweige zeigen deutlich 5 Kanten.

BLÄTTER
Untere Blätter gestielt, zusammengesetzt, 3 Fiederblättchen mit glatten Rändern, obere Blätter einfach und ohne Blattstiel.

FRÜCHTE
Hülsenfrüchte mit Härchen am Rand, bei Reife schwarz, mit mehreren olivfarbigen Samen. Bei schönem Wetter öffnet sich die Frucht mit einem trockenen Geräusch und gibt explosionsartig die Samen frei. Danach rollen sich die Wände der Hülsen zu einer Spirale.

Besenginster

Phänologische Entwicklungsstadien

BLATTBILDUNG

[Stadium 00]
Ruhende Knospen

[Stadium 07]
Aufbrechende Knospen

[Stadium 09]
Blattspitzen herausgeschoben

[Stadium 11]
Ca. 10 % der Blätter entfaltet

[Stadium 15]
Ca. 50 % der Blätter entfaltet

BLÜTENBILDUNG UND BLÜTE Die Früchte entwickeln sich rasch nach der Befruchtung der Blüten. Deshalb beobachtet man das Wachstum der Früchte an den befruchteten, welkenden Blüten.

[Stadium 55]
Blüten sichtbar, nicht aufgeblüht

[Stadium 61]
Ca. 10 % der Blüten aufgeblüht

[Stadium 65]
Ca. 50 % der Blüten aufgeblüht

[Stadium 69]
Die Blüten beginnen zu welken

FRUCHTREIFE

[Stadium 79]
Früchte mit maximaler Größe, noch nicht verfärbt

[Stadium 85]
Ca. 50 % der Früchte reif

ABSTERBEN Die Seneszenz kann nicht wirklich beobachtet werden, weil die kleinen Blättchen früh in der Saison abfallen.

PHÄNOLOGISCHER KALENDER

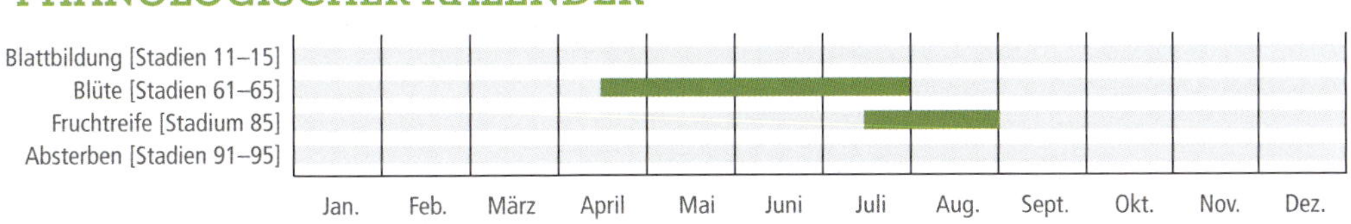

Rot-Buche

Was macht sie interessant?

Die Rot-Buche ist die typischste Waldbaumart Mittel- und Westeuropas. Sie ist sowohl wirtschaftlich als auch ökologisch von Interesse, denn sie liefert hochwertiges Holz und bietet mit ihren Bucheckern vielen Vögeln und anderen Tieren Nahrung.

Ökologie

Die Rot-Buche ist in ganz Europa weit verbreitet, von Spanien bis zu den Karpaten und von Südskandinavien bis nach Sizilien. Man findet sie gleichermaßen im Flachland wie in der montanen Höhenstufe, wo sie oft gemeinsam mit Tannen und Fichten Mischwälder bildet. In der Türkei und im Nahen Osten wird die Rot-Buche von der Orient-Buche (*F. orientalis* Lipsky) abgelöst, die ihr sehr ähnlich ist, aber rauere, längere und breitere Blätter besitzt. In Gebieten, in denen sich ihre Verbreitung überschneidet, können diese beiden Arten hybridisieren. Nicht selten findet man Orient-Buchen in Parkanlagen, Gärten oder Arboreten.

Die Rot-Buche ist eine typische Baumart feuchter Klimazonen. Sie ist widerstandsfähig gegen winterliche Kälte, kann aber empfindlich auf späte Frühjahrsfröste reagieren, ebenso auf Trockenheit im Frühling. Sie ist aber in der Lage, sich nach Wasserstress zu erholen. Sie wächst auf den verschiedensten Böden, von nährstoffarmen und sauren Böden bis hin zu teils sehr flachgründigen kalkhaltigen Böden. Vorübergehende oder permanente Staunässe oder sehr kompakte Lehmböden, in denen ihre Wurzelbildung stark eingeschränkt wird, toleriert sie nicht. In jungen Jahren verträgt sie Konkurrenz und Beschattung durch andere Arten gut.

Buchenbestand im Herbst

Fagus sylvatica L. / Fagaceae

Bestimmungsmerkmale

Die Rot-Buche bildet einen bis zu 40 m hohen, geraden Stamm. Sie ist im Wald anhand ihrer glatten und grauen Rinde leicht zu identifizieren. Im Hochgebirge bleibt sie kleiner, wächst gewunden und kann Stockausschläge bilden.

WEIBLICHE BLÜTEN
In Paaren in einer grünlichen Hülle am Ende der jungen Zweige.

BLÄTTER
Oval, spitz, ganzrandig, manchmal gekerbt, in jungen Jahren bewimpert. Mit kurzem Blattstiel, wechselständig.

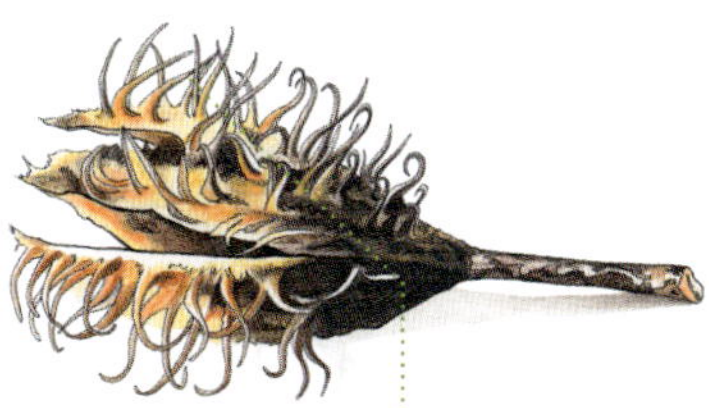

FRÜCHTE
Bucheckern, pyramidenförmig mit 3 Seiten, 2–4 Früchte liegen in einer kleinen, stacheligen Schale, die sich im Herbst öffnet.

MÄNNLICHE BLÜTEN
Kugelförmige Kätzchen an der Basis junger Zweige.

KNOSPEN
Braun, Blattknospen lang und spitz, Blütenknospen eher kugelig.

Rot-Buche

Phänologische Entwicklungsstadien

BLATTBILDUNG

[Stadium 00]
Ruhende Knospen

[Stadium 07]
Aufbrechende Knospen

[Stadium 09]
Blattspitzen herausgeschoben

[Stadium 11]
Ca. 10 % der Blätter entfaltet

[Stadium 15]
Ca. 50 % der Blätter entfaltet

BLÜTENBILDUNG UND BLÜTE

[Stadium 55]
Blüten sichtbar, nicht aufgeblüht

[Stadium 61]
Ca. 10 % der Blüten aufgeblüht

[Stadium 65]
Ca. 50 % der Blüten aufgeblüht

[Stadium 69]
Die Blüten beginnen zu welken

Fagus sylvatica L. / Fagaceae

FRUCHTREIFE Das Reifestadium BBCH 85 ist erreicht, wenn sich die Fruchtbecher öffnen.

[Stadium 79]
Früchte mit maximaler Größe, noch nicht verfärbt

[Stadium 85]
Ca. 50 % der Früchte reif, Fruchtbecher öffnen sich

ABSTERBEN Das Laub kann bei sommerlicher Trockenheit sehr frühzeitig abfallen. Einige Blätter bleiben oft bis zum kommenden Frühling am Baum.

[Stadium 90]
Die Blätter beginnen, sich zu verfärben oder abzufallen

[Stadium 91]
Ca. 10 % der Blätter verfärbt oder abgefallen

[Stadium 95]
Ca. 50 % der Blätter verfärbt oder abgefallen

PHÄNOLOGISCHER KALENDER

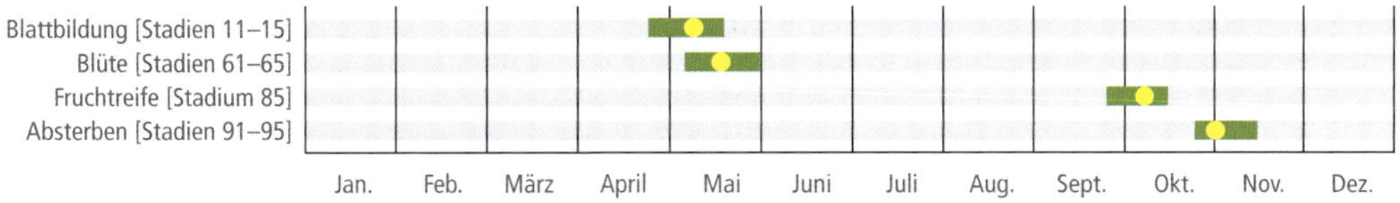

Forsythie

Was macht sie interessant?

Sie ist ein Strauch, der häufig in Gärten wächst und auffallend und frühzeitig mit sehr vielen, leuchtend gelben Blüten blüht.

Ökologie

Die Forsythien sind in ganz Europa weit verbreitete Sträucher, in Gärten und Hecken findet man sie häufig. Sie werden wegen ihrer überreichen, leuchtend gelben Blüten gepflanzt, die am Winterende in verschwenderischer Fülle erscheinen. Sie sind äußerst tolerant in Bezug auf Bodenbedingungen und auch gegenüber Kälte.

Der Großteil der gezüchteten Sorten oder Hybriden gehen auf eine Gruppe von Arten zurück, die aus China, Korea und Japan stammen. Die verbreitetste Hybride ist *Forsythia × intermedia*. Sie wurde in Deutschland Ende des 19. Jahrhunderts aus *Forsythia viridissima*, einer sehr blütenreichen Art mit hängender Wuchsform, und *Forsythia suspensa*, einer Art mit grünen und aufrecht stehenden Zweigen, gezüchtet.

Blühende Forsythie

Forsythia × intermedia Zabel / Oleaceae

Bestimmungsmerkmale

BLÜTEN

Sie erscheinen vor den Blättern sehr früh gegen Winterende. Blüten leuchtend gelb, 4 Kronblätter mit orangefarbenen Streifen am Grund, stehen häufig in kleinen Gruppen auf den Ästen. Obwohl sie zwittrig sind, bildet diese Hybride meist keine Früchte (zweikammerige Kapsel), manchmal ist der Fruchtknoten nach der Blüte leicht verdickt.

ZWEIGE

Die langen jungen Zweige sind erst rötlich, später werden sie gräulich braun. Sie sind mit vielen weißlichen Korkwarzen bedeckt.

KNOSPEN

Blütenknospen in der Regel in Gruppen, länglich, spitz, mit hellbraunen Schuppen. Blattknospen von braunen Schuppen umgeben, klein und meist gegenständig am Zweig, in den Achseln der Blattnarben. Sie entwickeln sich nach der Blüte.

BLÄTTER

Oval bis länglich (2–4 cm breit und 4–10 cm lang), enden allmählich in einer Spitze. Blattstiel kurz.

Forsythie

Phänologische Entwicklungsstadien

BLATTBILDUNG

[Stadium 00]
Ruhende Knospen

[Stadium 07]
Aufbrechende Knospen

[Stadium 09]
Blattspitzen herausgeschoben

[Stadium 11]
Ca. 10 % der Blätter entfaltet

[Stadium 15]
Ca. 50 % der Blätter entfaltet

BLÜTENBILDUNG UND BLÜTE

Die Blüte erfolgt vor der Blattbildung.

[Stadium 55]
Blüten sichtbar, nicht aufgeblüht

[Stadium 61]
Ca. 10 % der Blüten aufgeblüht

[Stadium 65]
Ca. 50 % der Blüten aufgeblüht

[Stadium 69]
Die Blüten beginnen zu welken

Forsythia × *intermedia* Zabel / Oleaceae

FRUCHTREIFE Eine Fruchtbildung ist selten zu beobachten.

ABSTERBEN

[Stadium 90]
Die Blätter beginnen, sich zu verfärben oder abzufallen

[Stadium 91]
Ca. 10 % der Blätter verfärbt oder abgefallen

[Stadium 95]
Ca. 50 % der Blätter verfärbt oder abgefallen

PHÄNOLOGISCHER KALENDER

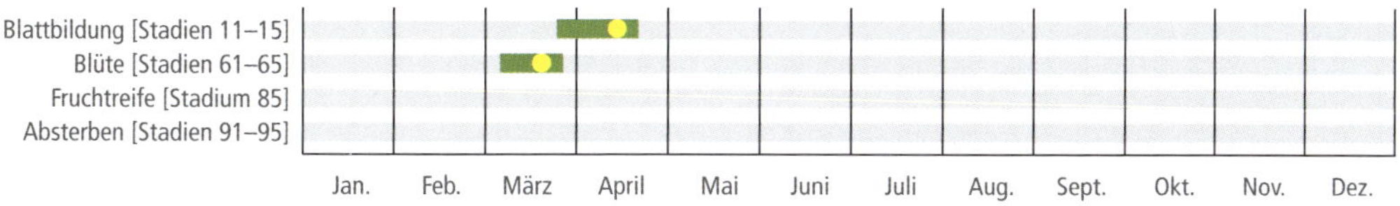

ESCHEN

Eschen sind laubabwerfende Bäume der Gattung *Fraxinus* aus der Familie der Oleaceae. Die Gattung enthält mehrere Dutzend Arten aus Nordamerika, Europa und Asien. Die Blätter sind zusammengesetzt und gefiedert, die vielen Blättchen sind mehr oder weniger gesägt. Eschen bilden einfach geflügelte Nussfrüchte, die in Rispen zusammenstehen und lange am Baum bleiben. Es sind schnell wachsende Bäume mit lichter Krone, die relativ viel Licht durchlässt. Sie sind recht anspruchsvoll bezüglich Wasser und Boden, man findet sie bevorzugt in frischen bis feuchten Bereichen in Wäldern, etwa an Wasserläufen, in Talauen und Gebirgsmulden. In Europa sind die Gewöhnliche Esche (*Fraxinus excelsior*), die Schmalblättrige Esche (*F. angustifolia*) und die Manna-Esche (*F. ornus*) verbreitet, in Nordamerika finden sich am häufigsten die Weiß-Esche (*F. americana*), die Rot-Esche (Pennsylvanische Esche, *F. pennsylvanica*) oder auch die Oregon-Esche (*F. latifolia*). Diese Arten findet man in Europa als Zierbäume in Parkanlagen und Gärten. Eschen reagieren empfindlich auf verschiedene Schädlinge, die teils schwerwiegende Schäden wie das Eschentriebsterben in Europa (Pilzkrankheit) verursachen.

Manna-/Blumen-Esche

Was macht sie interessant?

Von den drei in Europa vorkommenden Eschenarten hat die Manna-Esche das südlichste und kleinste Verbreitungsgebiet. Sie wird auch Blumen-Esche genannt: Ihre Frühlingsblüten duften stark.

Ökologie

Von allen europäischen Eschen ist die Manna-Esche jene mit dem kleinsten Verbreitungsgebiet. Sie kommt natürlicherweise im südöstlichen Mittelmeergebiet vor (hauptsächlich Italien, Balkan, Griechenland, Türkei, Bulgarien, Rumänien), findet sich aber auch in Frankreich, der Schweiz und in Österreich. Häufig wird sie als Zierbaum angepflanzt. Wie die anderen Eschen bevorzugt sie neutrale oder kalkhaltige, nährstoffreiche Böden und toleriert nur leichten Schatten. Die Manna-Esche braucht Wärme und kann Trockenheit gut ertragen. Man findet sie in feuchten Wäldern, in Tälern und entlang von Wasserläufen, aber auch an trockenen Abhängen im vollen Licht. In Küstengebieten kommt sie in Höhen bis zu 1000 m vor.

Fraxinus ornus L. / Oleaceae

Bestimmungsmerkmale

Die Manna-Esche ist ein kleiner Baum, zuweilen ein Strauch, der 7–8 m hoch werden kann. Von anderen Eschen lässt sie sich leicht anhand ihrer hellgrünen jungen Blätter und ihrer schönen, fedrigen, weißen und duftenden Blütenstände unterscheiden.

KNOSPEN
Gräulich braun bis dunkelbraun, kegelförmig bis oval. Die Endknospe ist größer als die Seitenknospen, die gegenständig am Zweig stehen und auf jeder Ebene sukzessive um 90 Grad versetzt sind (kreuzgegenständig).

BLÄTTER
Blätter gegenständig, gefiedert, 15–25 cm lang, auf jeder Ebene sukzessive um 90 Grad versetzt (kreuzgegenständig). 5–9 Fiederblättchen, lanzenförmig, blassgrün, mit kleinen Blattstielen, größer als die Blättchen der Gewöhnlichen Esche. Oberseite kahl, Unterseite stumpf und an der Basis der Mittelrippe flaumig behaart. Dünn und unregelmäßig gesägt, besonders Richtung Spitze.

FRÜCHTE
Kleine Flügelnüsse von 2 cm Länge, an der Basis schmaler und an der Spitze abgerundet. Die länglichen Samen reichen nicht bis zur Mitte der Frucht.

BLÜTEN
Oft zwittrig, auf einigen Bäumen zuweilen nur männliche Blüten, in hängenden Rispen von 5–15 cm Länge. Blüten mit 4 weißen, länglichen, nicht miteinander verwachsenen Kronblättern und langen Staubfäden. Die weißen Blütenstände sind auffällig und dekorativ.

Phänologische Entwicklungsstadien

BLATTBILDUNG Achtung, bei den Eschen ergrünen die Knospenschuppen, bevor die jungen Blätter zwischen den Schuppen im Stadium BBCH 07 erscheinen.

[Stadium 00]
Ruhende Knospen

[Stadium 07]
Aufbrechende Knospen

[Stadium 09]
Blattspitzen herausgeschoben

[Stadium 11]
Ca. 10 % der Blätter entfaltet

[Stadium 15]
Ca. 50 % der Blätter entfaltet

BLÜTENBILDUNG UND BLÜTE

[Stadium 55]
Blüten sichtbar, nicht aufgeblüht

[Stadium 61]
Ca. 10 % der Blüten aufgeblüht

[Stadium 65]
Ca. 50 % der Blüten aufgeblüht

Marc Bottin

[Stadium 69]
Die Blüten beginnen zu welken

Fraxinus ornus L. / Oleaceae

FRUCHTREIFE Achtung, die reifen Früchte bleiben manchmal bis zum kommenden Frühling am Baum hängen.

[Stadium 79]
Früchte mit maximaler Größe, noch nicht verfärbt

[Stadium 85]
Ca. 50 % der Früchte reif

ABSTERBEN

[Stadium 90]
Die Blätter beginnen, sich zu verfärben oder abzufallen

[Stadium 91]
Ca. 10 % der Blätter verfärbt oder abgefallen

[Stadium 95]
Ca. 50 % der Blätter verfärbt oder abgefallen

PHÄNOLOGISCHER KALENDER

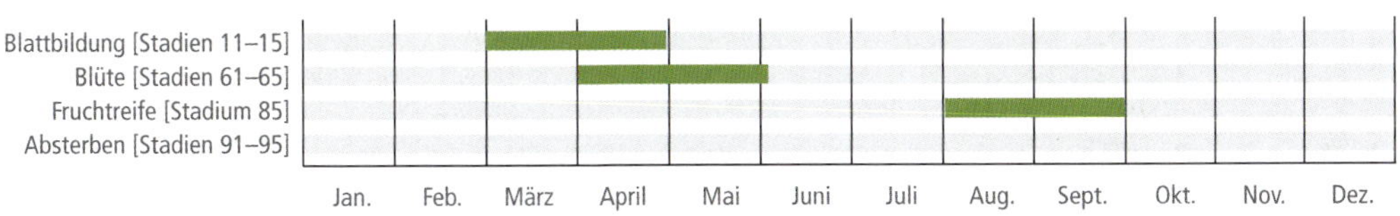

Gewöhnliche Esche

Was macht sie interessant?

Sie ist die am weitesten verbreitete Eschenart in Europa, sowohl im Flachland als auch in den Bergen kommt sie vor. Man findet sie im Wald und in Hecken.

Ökologie

Sie ist im gesamten gemäßigten Europa verbreitet, von den Britischen Inseln bis in den Kaukasus und den Westen Russlands. Sie fehlt jedoch in der Mittelmeerregion (weil sie Trockenheit schlecht verträgt) und in Nordeuropa (wegen ihrer Anfälligkeit gegenüber Frost). Sie wächst auf nährstoffreichen, aber auch auf kalkhaltigen Böden (niemals sauren), die gut mit Wasser versorgt sind (an beschatteten Hängen, in Tälern, entlang von Gewässern). Wegen der Qualität ihres Holzes wurde die Gewöhnliche Esche häufig angepflanzt, wild wachsend bildet sie hingegen keine Reinbestände. Man findet sie meist begleitet von Buche, Trauben- oder Stiel-Eiche, Ahorn, Schwarz-Erle oder Weiß-Tanne. Die Gewöhnliche Esche ist eine Pionierpflanze: Sie braucht viel Licht, meidet die Konkurrenz anderer Arten, vermehrt sich sehr leicht durch ihre Samen oder durch Stockausschlag und wächst schnell. Wie die Stiel-Eiche kann sie Standorte besiedeln, die langfristig nicht immer für sie geeignet sind. Seit einigen Jahren werden die Gewöhnliche Esche und die Quirl-Esche von einem Schadpilz *(Chalara fraxinea)* befallen, der sich von Osteuropa aus ausbreitet und ein großes Eschensterben verursacht.

Weibliche Blüten der Gewöhnlichen Esche und eine Knospe, aus der sich die Blätter entfalten

Fraxinus excelsior L. / Oleaceae

Bestimmungsmerkmale

Sie ist ein großer Baum mit einem geraden Stamm und lichter Krone: Durch die Blätter sind der Stamm und die Zweige sichtbar. Die Zweige sind meist dick und nach oben gerichtet.

KNOSPEN
Schwarz und samtig. Endknospe dick und pyramidenförmig (5–8 mm). Seitenknospen kleiner und rund, 5 mm, gegenständig und auf jeder Ebene um 90 Grad versetzt (kreuzgegenständig). Sie befinden sich über den halbrunden, markanten Blattnarben und stehen vom Stamm ab.

BLÜTEN
In Rispen an den Zweigenden. Männliche Blütenstände dick, rundlich und schwarz-purpur gefärbt. Weibliche Blütenstände unauffälliger, länglich, lilafarben. Neben zwittrigen Individuen existieren auch zweihäusige Bäume, bei denen die weiblichen oder männlichen Organe reduziert sind.

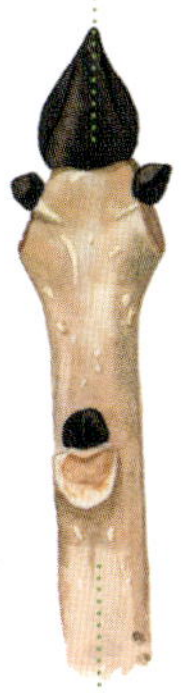

ZWEIGE
Gegenständig, mehr oder weniger flach, viele Blattnarben.

BLÄTTER
Blätter gefiedert, gegenständig und auf jeder Ebene um 90 Grad versetzt (kreuzgegenständig). 7–15 Fiederblättchen, gegenständig, ungestielt, kahl, länglich (2–3 cm breit und 6–8 cm lang) bis lanzenförmig, zuweilen mit langer Spitze, an den Seiten stark gesägt, grün, auf der Oberseite etwas dunkler als auf der Unterseite.

FRÜCHTE
Nussfrucht mit einem langen, membranartigen, braunen Flügel an einem langen, feinen Stiel. Die Nussfrüchte hängen an den Zweigenden und verbleiben häufig den Winter über am Baum. Die Nuss reicht nicht über die Mitte des Flügels hinaus.

Gewöhnliche Esche

Phänologische Entwicklungsstadien

BLATTBILDUNG Achtung, bei den Eschen ergrünen die Knospenschuppen, bevor die jungen Blätter zwischen den Schuppen im Stadium BBCH 07 erscheinen.

[Stadium 00]
Ruhende Knospen

[Stadium 07]
Aufbrechende Knospen

[Stadium 09]
Blattspitzen herausgeschoben

[Stadium 11]
Ca. 10 % der Blätter entfaltet

[Stadium 15]
Ca. 50 % der Blätter entfaltet

BLÜTENBILDUNG UND BLÜTE Die Blüten erscheinen vor den Blättern. Achtung, für die Beobachtung der Blüte sind die männlichen Blüten ausschlaggebend.

[Stadium 55]
Blüten sichtbar, nicht aufgeblüht, Staubbeutel zusammengeballt, rot und deutlich sichtbar

[Stadium 61]
Ca. 10 % der Blüten aufgeblüht

[Stadium 65]
Ca. 50 % der Blüten aufgeblüht

[Stadium 69]
Die Blüten beginnen zu welken

FRUCHTREIFE

[Stadium 79]
Früchte mit maximaler Größe, noch nicht verfärbt

[Stadium 85]
Ca. 50 % der Früchte reif

ABSTERBEN Die Art reagiert besonders empfindlich auf verschiedene Schädlinge, die eine verfrühte Seneszenz verursachen. Dieser Parasitenbefall muss vermerkt werden.

[Stadium 90]
Die Blätter beginnen, sich zu verfärben oder abzufallen

[Stadium 91]
Ca. 10 % der Blätter verfärbt oder abgefallen

[Stadium 95]
Ca. 50 % der Blätter verfärbt oder abgefallen

PHÄNOLOGISCHER KALENDER

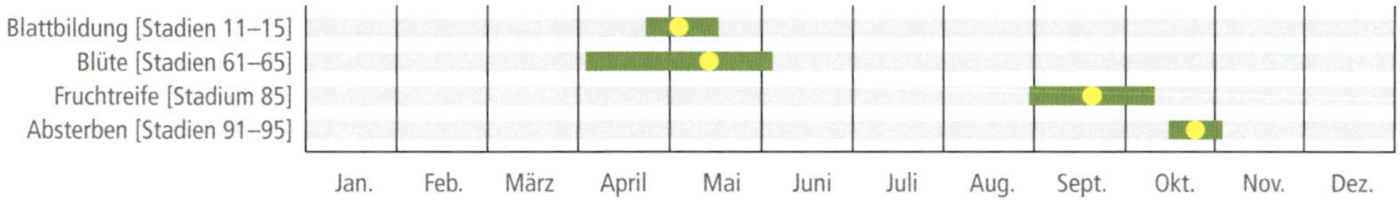

Ginkgo

Was macht ihn interessant?

Man findet den Ginkgo häufig in Parks und Gärten. Die Form seiner Blätter ist sehr charakteristisch, sodass er leicht zu erkennen ist. Die Herbstfärbung ist sehenswert.

Ökologie

Die Familie der Ginkgobäume ist die älteste bekannte Familie noch lebender Bäume. Sie entstand vor 270 Millionen Jahren, weit vor der Entwicklung der Nadelbäume. Ihr natürliches Verbreitungsgebiet ist durch die letzten großen Eiszeiten im Quartär stark geschrumpft, nur in den gemäßigten Zonen Asiens findet man den Ginkgo noch. Er wird häufig als lebendes Fossil betrachtet.

Es ist unmöglich, dem Ginkgo eine genaue geografische Herkunft zuzuweisen, zu sehr wurde er vom Menschen seit frühen Zeiten gepflanzt und verehrt. Es gibt sogar Zweifel, ob die Exemplare in seinem Verbreitungsgebiet in China natürlichen Ursprungs oder gepflanzt sind. Der Ginkgo gelangte 1730 nach Europa, und zwar in den Botanischen Garten von Utrecht. 1788 kaufte der französische Botaniker M. de Pétigny fünf Ginkgopflanzen von einem englischen Botaniker für die Summe von 40 Écus pro Baum, weshalb er im Französischen auch den Namen «Baum zu 40 Écus» trägt. Heutzutage findet man ihn in vielen Parkanlagen, Gärten und als Straßenbaum.

Der Ginkgo toleriert ein breites Spektrum an Böden, ob sandig oder lehmig, kalkhaltig oder sauer. Er scheint Böden zu bevorzugen, die gut mit Wasser versorgt sind, verträgt aber auch sehr gut Trockenheit. Er hält städtische Verschmutzung aus, ebenso niedrige Temperaturen (–20 °C) und Schadinsekten.

Herbstfärbung von *Ginkgo biloba*

Ginkgo biloba L. / Ginkgoaceae

Bestimmungsmerkmale

Bei dieser zweihäusigen Art pflanzt man meist männliche Individuen, die weiblichen werden weniger geschätzt, weil die reifen Samen unangenehm riechen.

MÄNNLICHE BLÜTEN
Die walzenförmigen Kätzchen treten im Frühling gleichzeitig mit den Blättern auf und stehen am Ende der Kurztriebe.

BLÄTTER
Einfache und ungeteilte Blätter, hellgrün, dick. Blattspreite ist zum Fächer vergrößert und oben mehr oder weniger eingekerbt, was zu zwei klar voneinander geteilten Lappen führen kann – daher der Name *biloba*. 2–6 Blattstiele sind zu einem Strauß auf dem kurzen, wulstigen Zweig angeordnet. Sie werden im Herbst goldgelb.

WEIBLICHE BLÜTEN
Sie sind hellgrün und bestehen aus zwei Samenanlagen, die sich an der Spitze eines weichen Blütenstiels befinden.

KNOSPEN
Braun, eher rund und aus mehreren Schuppen zusammengesetzt; man findet sie in den Blattachseln der langen Zweige und an ihrem Ende.

FRÜCHTE
Die Samen werden oft fälschlicherweise «Frucht» genannt. In Aussehen und Konsistenz einer übel riechenden Mirabelle ähnlich und bei Reife faltig.

Ginkgo

Phänologische Entwicklungsstadien

BLATTBILDUNG

[Stadium 00]
Ruhende Knospen

[Stadium 07]
Aufbrechende Knospen

[Stadium 09]
Blattspitzen herausgeschoben

[Stadium 11]
Ca. 10 % der Blätter entfaltet

[Stadium 15]
Ca. 50 % der Blätter entfaltet

BLÜTENBILDUNG UND BLÜTE Die Blüten müssen an den männlichen Individuen beobachtet werden.

[Stadium 55]
Kätzchen am Ende ihrer Streckung, die Schuppen beginnen, sich zu spreizen

[Stadium 61]
Ca. 10 % der Kätzchen sind geöffnet, die Staubblätter setzen den Pollen frei

[Stadium 65]
Ca. 50 % der Kätzchen sind geöffnet, die Staubblätter setzen den Pollen frei

[Stadium 69]
Die Kätzchen beginnen zu welken

Ginkgo biloba L. / Ginkgoaceae

FRUCHTREIFE

[Stadium 79]
Früchte mit maximaler Größe, noch nicht verfärbt

[Stadium 85]
Ca. 50 % der Früchte reif

ABSTERBEN Es wäre interessant zu beobachten, ob es einen geschlechtsspezifischen phänologischen Unterschied gibt, wie manchmal behauptet wird.

[Stadium 90]
Die Blätter beginnen, sich zu verfärben oder abzufallen

[Stadium 91]
Ca. 10 % der Blätter verfärbt oder abgefallen

[Stadium 95]
Ca. 50 % der Blätter verfärbt oder abgefallen

PHÄNOLOGISCHER KALENDER

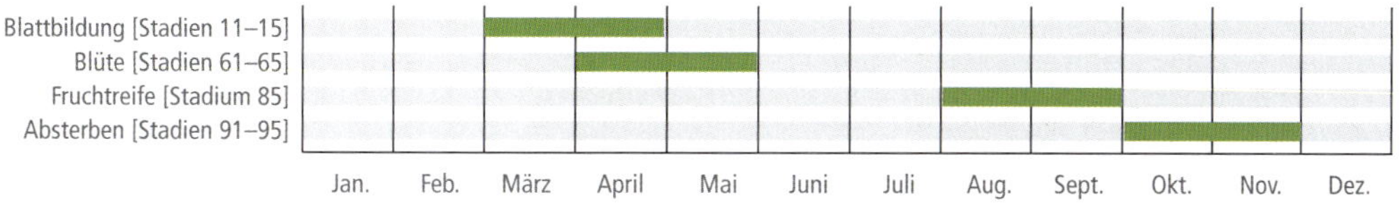

Echte Walnuss

Was macht sie interessant?

Die Echte Walnuss ist wegen ihres qualitativ hochwertigen Holzes und ihrer Früchte, den Walnüssen, von wirtschaftlicher Bedeutung.

Ökologie

Die Echte Walnuss ist in Eurasien zwischen Südosteuropa und Westasien beheimatet. Seit mehreren Hundert Jahren wird sie wegen ihrer Früchte und ihres Holzes in ganz Mitteleuropa angepflanzt. Sie bevorzugt tiefgründige, fruchtbare Böden, passt sich aber leicht an und toleriert leicht saure bis kalkhaltige Böden. Für eine reiche Nussproduktion muss sie im Juni genügend mit Wasser versorgt sein.

Die Echte Walnuss findet sich eher selten im Wald. Sie wächst bevorzugt unterhalb von 800 m Höhe, im gemäßigten Klima steigt sie bis auf 1000 m, benötigt dann aber einen windgeschützten Standort. Sie widersteht winterlicher Kälte, ihre Blüten reagieren aber empfindlich auf späte Fröste.

In Mitteleuropa wird häufig auch die Schwarze Walnuss (*Juglans nigra* L.) gepflanzt. Sie stammt aus Nordamerika und liefert ebenfalls wertvolles Holz.

Wie lassen sich Echte und Schwarze Walnuss unterscheiden?

Die Schwarze Walnuss (*Juglans nigra* L.) besitzt mehr Fiederblättchen (16–23), die gezähnt, pelzig und lanzenförmig sind. Ihre Nüsse sind schwarz, stark gefurcht und sehr hart – es ist fast unmöglich, die Nuss zu knacken.

Weibliche Blüten der Walnuss

Juglans regia L. / Juglandaceae

Bestimmungsmerkmale

Sie ist ein Baum mit kurzem Stamm und von mittlerer Größe (18 m), kann aber auch bis zu 25 m Höhe erreichen. Ihre Äste sind stark verzweigt, was ihr eine breite und dichte Silhouette verleiht.

FRÜCHTE
Der Nusskern liegt in einer holzigen, kugeligen, harten, braunen und gemaserten Nussschale. Die Schale ist von einer fleischigen, grünen Fruchtwand umgeben, die sich öffnet und am Baum vertrocknet. Sie wird schwarz, bevor die Nuss abfällt.

KNOSPEN
Braun, rundlich und klein (3–4 mm), Endknospe größer. Die Achselknospen stehen häufig zu zweit, die untere Knospe ist winzig.

WEIBLICHE BLÜTEN
Sie stehen an der wachsenden Triebspitze. Häufig in Gruppen von 2–4, grünlich, ohne Kronblätter, mit 2 breiten Narben.

MÄNNLICHE BLÜTEN
Hängende Kätzchen an der Zweigspitze des Vorjahres, zunächst grün, später gelblich grün, schwärzliche Staubblätter. Sie blühen vor den weiblichen Blüten.

BLÄTTER
Wechselständig, gefiedert, mit 7–9 ovalen Blättchen an einem langen Blattstiel, der an seiner Basis wulstig geformt ist. Fiederblättchen mit glattem Rand, das Endblättchen ist größer als die anderen. Die Blätter duften beim Zerreiben intensiv.

ZWEIGE
Kräftig, mit gekammertem Mark und breiten, v-förmigen Blattnarben.

Echte Walnuss

Phänologische Entwicklungsstadien

Falls die Beobachtungen in einem Obstgarten vorgenommen werden, ist es notwendig, die Sorte anzugeben.

BLATTBILDUNG Achtung, bei dieser Art ergrünen die Blattschuppen, bevor die jungen Blätter im Stadium BBCH 07 erscheinen.

[Stadium 00]
Ruhende Knospen

[Stadium 07]
Aufbrechende Knospen

[Stadium 09]
Blattspitzen herausgeschoben

[Stadium 11]
Ca. 10 % der Blätter entfaltet

[Stadium 15]
Ca. 50 % der Blätter entfaltet

BLÜTENBILDUNG UND BLÜTE

[Stadium 55]
Blüten sichtbar, nicht aufgeblüht

[Stadium 61]
Ca. 10 % der Blüten aufgeblüht

[Stadium 65]
Ca. 50 % der Blüten aufgeblüht

[Stadium 69]
Die Blüten beginnen zu welken

FRUCHTREIFE Das Stadium 85 wird erst notiert, wenn die Fruchtwand sich geöffnet hat.

[Stadium 79]
Früchte mit maximaler Größe, noch nicht verfärbt

[Stadium 85]
Ca. 50 % der Früchte reif, Fruchtwand öffnet sich

ABSTERBEN

[Stadium 90]
Die Blätter beginnen, sich zu verfärben oder abzufallen

[Stadium 91]
Ca. 10 % der Blätter verfärbt oder abgefallen

[Stadium 95]
Ca. 50 % der Blätter verfärbt oder abgefallen

PHÄNOLOGISCHER KALENDER

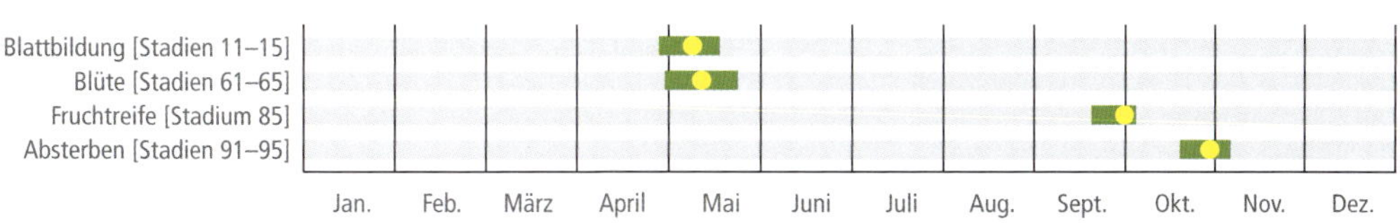

Europäische Lärche

Was macht sie interessant?

Die Europäische Lärche ist einer der Nadelbäume, bei denen die Nadeln im Herbst abfallen. Sie wird regelmäßig von Förstern zur Wiederaufforstung von Bergregionen genutzt.

Ökologie

Die Europäische Lärche ist vor allem ein Hochgebirgsbaum. Ihr natürliches Verbreitungsgebiet deckt die gesamten Alpen ab (Frankreich, Schweiz, Deutschland, Italien, Österreich), man findet sie zudem in der Hohen Tatra und den Karpaten. In Polen wächst sie auch in tieferen Lagen (bei etwa 200 m).

Die Lärche ist eine Pionierart und wenig anspruchsvoll hinsichtlich des Nährstoffgehaltes des Bodens. Trockenheit verkraftet sie nur schlecht (bis auf die polnischen Varietäten). Stattdessen bevorzugt sie tiefgründige, frische bis feuchte Böden ohne Staunässe. Sie ist eine Lichtart und besiedelt schnell lichte Bergwälder bis in große Höhe. Die Lärche ist äußerst resistent gegenüber Kälte und jahreszeitliche Temperaturunterschiede, sie ist also besonders gut an das Gebirgsklima angepasst, wo die Vegetationszeit selten länger als vier Monate dauert.

Woran lassen sich Europäische und Japanische Lärche unterscheiden?

Die jungen Zweige der Japanischen Lärche (*Larix kaempferi* (Lamb.) Carrière) haben eine rötliche Rinde, die Blätter sind eher graugrün. Die Zapfenschuppen sind aufgerollt (wie die Kronblätter einer Rose). Die weiblichen Blüten sind meist grünlich.

Larix decidua Mill. / Pinaceae

Bestimmungsmerkmale

Sie ist ein 30–35 m hoher Baum mit geradem Stamm und lichter Krone. Die Blätter sind fein und hellgrün. Die Lärche ist der einzige einheimische Waldnadelbaum, der seine Nadeln verliert. Die Rinde ähnelt jener der Kiefern, sie ist zunächst relativ glatt, bis sie mit etwa 20 Jahren rissig und dick wird.

ZWEIGE
Langtriebe gefurcht, ohne Haare, grau bis gelblich grau. Die Nadeln werden an 1 cm langen Kurztrieben gebildet.

FRÜCHTE
Samen klein (3–4 mm), mit einem kleinen, länglichen, membranartigen Flügel, zu mehreren in kleinen, rundlichen, schokoladenbraunen Zapfen (3–5 cm), die an einem sehr kurzen Stiel aufrecht am Zweig sitzen. Schuppen dünn, dachziegelartig (auch im trockenen Zustand), mit abgerundeter Spitze. Die Zapfen können mehrere Jahre (10 Jahre) auf dem Baum verbleiben.

KNOSPEN
Sehr klein (4–5 mm), braun, mehr oder weniger glänzend, sehr rundlich.

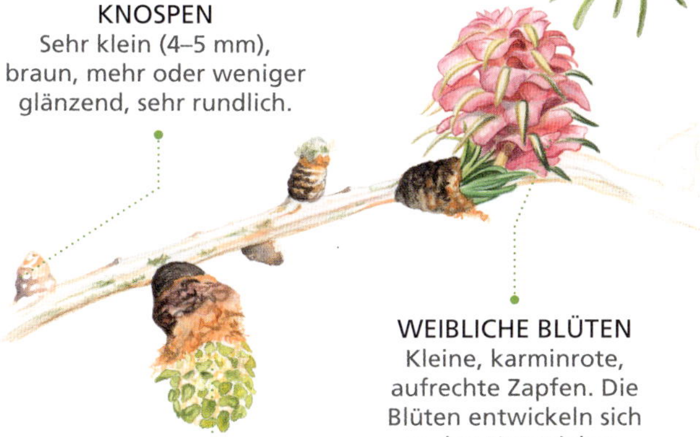

WEIBLICHE BLÜTEN
Kleine, karminrote, aufrechte Zapfen. Die Blüten entwickeln sich an den Kurztrieben.

BLÄTTER
Dünne, weiche Nadeln (im Gegensatz zur Zeder), 15–35 mm lang, Querschnitt mehr oder weniger dreieckig. In Büscheln gruppiert (wie bei der Zeder), überwiegend auf den Kurztrieben, vereinzelt auch entlang der Langtriebe. Nadeln im Frühjahr hellgrün, im Herbst verfärben sie sich gelborange, im Winter fallen sie ab.

MÄNNLICHE BLÜTEN
Rundlich, schwefelgelb, in nach unten gedrehten Kätzchen.

Europäische Lärche

Phänologische Entwicklungsstadien

BLATTBILDUNG

[Stadium 00]
Ruhende Knospen

[Stadium 07]
Aufbrechende Knospen

[Stadium 09]
Nadeln stehen pinselförmig zusammen

[Stadium 11]
Ca. 10 % der Nadeln in der Krone haben sich aufgefächert

[Stadium 15]
Ca. 50 % der Nadeln in der Krone haben sich aufgefächert

BLÜTENBILDUNG UND BLÜTE

[Stadium 55]
Männliche Zapfen am Ende ihrer Streckung, die Schuppen beginnen, sich zu spreizen

[Stadium 61]
Ca. 10 % der männlichen Zapfen sind geöffnet, die Staubblätter setzen den Pollen frei

[Stadium 65]
Ca. 50 % der männlichen Zapfen sind geöffnet, die Staubblätter setzen den Pollen frei

[Stadium 69]
Die männlichen Zapfen beginnen zu welken

Larix decidua Mill. / Pinaceae

FRUCHTREIFE Der Zapfen erreicht seine endgültige Größe am Ende des Sommers, kurz *vor* dem Farbwechsel (von Grün nach Rostbraun, dazwischen zuweilen ein violettes Stadium, das das Ende des Wachstums anzeigt). Stadium 85 notiert man im Herbst direkt *nach* dem Farbwechsel der Zapfen (von Violett zu Braun). Die braunen Schuppen öffnen sich im Laufe des Winters, um die Samen freizusetzen. Junge und alte Zapfen befinden sich gleichzeitig auf dem Baum.

[Stadium 79]
Zapfen mit maximaler Größe, noch nicht verfärbt

[Stadium 85]
Ca. 50 % der Zapfen sind reif

ABSTERBEN Diese Art reagiert besonders empfindlich auf verschiedene Schädlinge, die eine frühzeitige Seneszenz verursachen. Dieser Parasitenbefall muss vermerkt werden.

[Stadium 90]
Die Nadeln beginnen, sich zu verfärben oder abzufallen

[Stadium 91]
Ca. 10 % der Nadeln sind verfärbt oder abgefallen

[Stadium 95]
Ca. 50 % der Nadeln sind verfärbt oder abgefallen

PHÄNOLOGISCHER KALENDER

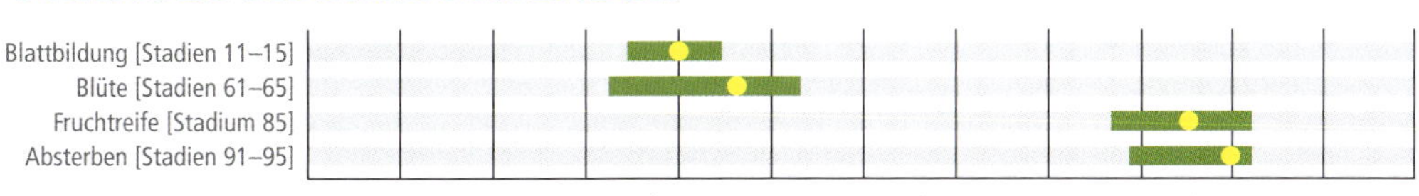

Kultur-Apfel

Was macht ihn interessant?

Der Kultur-Apfel ist eine weit verbreitete Obstbaumart, von der es zahlreiche Sorten gibt. Seine Blüte ist für die Phänologie wichtig.

Ökologie

Er ist ein kleiner Baum der gemäßigten Zone. Besonders im professionellen Gartenbau ist er meist auf eine Unterlage gepfropft, die an die jeweiligen Standortfaktoren besser angepasst ist. Er wächst auf sehr verschiedenen Böden, aber er bevorzugt tiefgründige Böden mit einem niedrigen Kalkanteil. Der Boden sollte gut drainiert sein, denn die Wurzeln reagieren sensibel auf Staunässe im Winter und Frühling. Der Apfelbaum widersteht winterlicher Kälte gut, aufgrund der frühzeitigen Blüte ist er allerdings empfindlich gegenüber Frühlingsfrösten. Es gibt eine breite Sortenpalette mit Reifezeiten von Juli bis November.

In Wäldern findet man auf fruchtbaren Böden gewöhnlich den Holz-Apfel (*Malus sylvestris* Mill.).

Blüte des Kultur-Apfels

Bestimmungsmerkmale

Der Kultur-Apfel ist ein kleiner Obstbaum von aufrechter Wuchsform, im Obstgarten wird er zur Spindel geschnitten oder am Spalier gezogen. Seine Höhe variiert je nach Schnitt zwischen 2 und 7 m, kann aber bei der Wildform 8–10 m erreichen. Die Rinde ist in jungen Jahren glatt und gräulich braun, später wird sie dunkelbraun, rissig und schuppig.

BLÄTTER
Relativ dick, oval, fein gesägt, lang (8 cm), junge Blätter leicht flauschig behaart, später haarlos. Blattstiel kurz.

KNOSPEN
Blattknospen klein (2–4 mm) und spitz. Blütenknospen größer und rundlicher, dunkelbraun, behaart. Die Blütenknospen enthalten zugleich Blüten- und Blattorgane und werden deshalb zuweilen gemischte Knospen genannt.

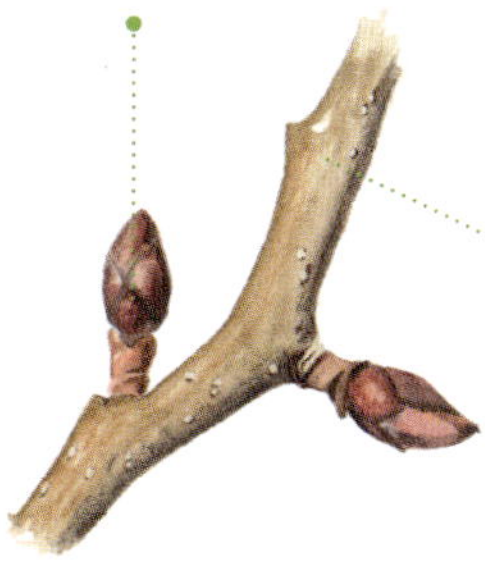

ZWEIGE
Braun, relativ weich.

BLÜTEN
Zwittrig, weiß oder rosefarben, manchmal rot. 5 Kelch-, 5 Kron- und zahlreiche Staubblätter (20–25). Fruchtknoten mit nur einem Griffel. 4–8 Blüten in kleinen, doldigen Schirmrispen an Kurztrieben zusammen, vor allem an den Zweigspitzen.

FRÜCHTE
Kernfrucht mit festem Fruchtfleisch. Färbung variiert von grün bis rot, je nach Sorte ein- oder zweifarbig.

Kultur-Apfel

Phänologische Entwicklungsstadien

Die beobachtete Sorte sollte unbedingt angegeben werden.

BLATTBILDUNG Achtung, im Stadium BBCH 07 können bei dieser Art die Knospenschuppen vor dem Erscheinen der jungen Blätter ergrünen.

[Stadium 00] Ruhende Knospen

[Stadium 07] Aufbrechende Knospen

[Stadium 09] Blattspitzen herausgeschoben

[Stadium 11] Ca. 10 % der Blätter entfaltet

[Stadium 15] Ca. 50 % der Blätter entfaltet

BLÜTENBILDUNG UND BLÜTE

[Stadium 55] Blüten sichtbar, nicht aufgeblüht

[Stadium 61] Ca. 10 % der Blüten aufgeblüht

[Stadium 65] Ca. 50 % der Blüten aufgeblüht

[Stadium 69] Die Blüten beginnen zu welken

Malus domestica Borkh. / Rosaceae

FRUCHTREIFE

[Stadium 79]
Früchte mit maximaler Größe, noch nicht verfärbt

[Stadium 85]
Ca. 50 % der Früchte reif

ABSTERBEN Diese Art reagiert besonders empfindlich auf verschiedene Schädlinge, die eine frühzeitige Alterung verursachen. Dieser Parasitenbefall muss notiert werden.

[Stadium 90]
Die Blätter beginnen, sich zu verfärben oder abzufallen

[Stadium 91]
Ca. 10 % der Blätter verfärbt oder abgefallen

[Stadium 95]
Ca. 50 % der Blätter verfärbt oder abgefallen

PHÄNOLOGISCHER KALENDER

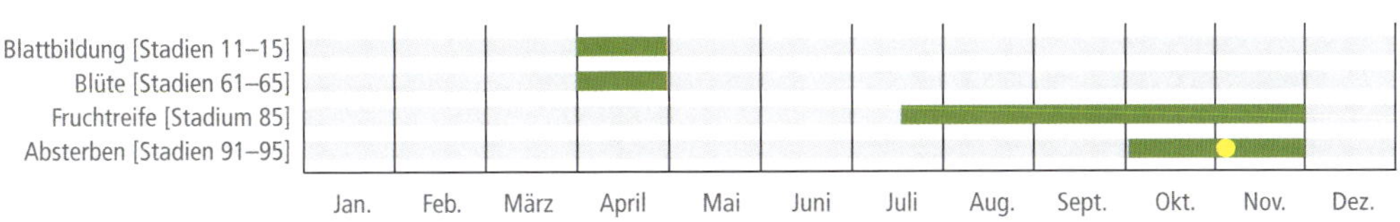

Weiße Narzisse

Was macht sie interessant?

Die Weiße Narzisse, auch Echte oder Dichter-Narzisse genannt, ist eine typische Art hochgelegener Feuchtwiesen. Im Frühjahr schmückt sie sich mit weißen Blüten.

Ökologie

Die Weiße Narzisse ist in der Mittelmeerregion beheimatet, inzwischen reicht ihr Verbreitungsgebiet im Norden bis nach Südskandinavien. Verschiedene Kulturvarietäten wurden gezüchtet. Als Lichtpflanze findet man sie in Feuchtwiesen. Ihr natürlicher Standort ist das Gebirge bis 2300 m, weniger das Flachland. Die Weiße Narzisse braucht fruchtbare Böden, die feucht und häufig schlammig sind.

Phänologische Entwicklungsstadien

Kulturvarietäten sind in ihrer Entwicklung frühzeitiger als die Wildarten. Daher muss angegeben werden, ob sich die Beobachtung auf eine Kulturvarietät oder die Wildform bezieht.

BLÜTENBILDUNG UND BLÜTE

[Stadium 55]
Blüten sichtbar, nicht aufgeblüht

[Stadium 61]
Ca. 10 % der Blüten aufgeblüht

[Stadium 65]
Ca. 50 % der Blüten aufgeblüht

PHÄNOLOGISCHER KALENDER

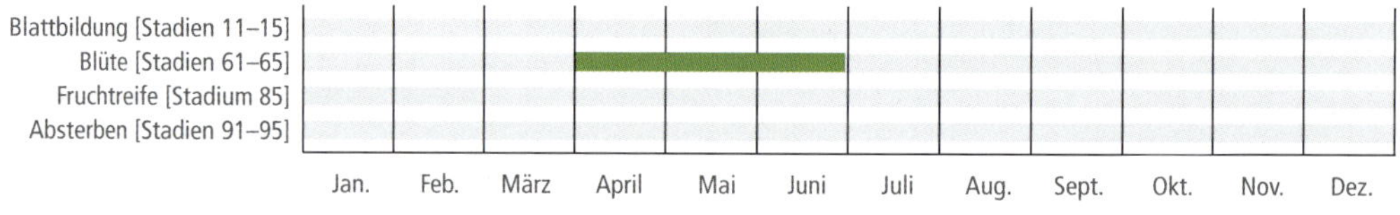

Narcissus poeticus L. / Amaryllidaceae

Bestimmungsmerkmale

Die Weiße Narzisse ist eine ausdauernde Pflanze von 30–60 cm Höhe.

BLÄTTER
Meist 3–5 Blätter, aufrecht, lang und schmal (5–8 mm), gefurcht, tiefgrün, etwa so lang wie der Blütenstiel.

BLÜTEN
Stark duftend, einzeln, Durchmesser 4–5 cm, geneigt. Meist 6 Blütenhüllblätter, leuchtend weiß, spitz zulaufend, im unteren Bereich verwachsen. Im Zentrum die blassgelbe Nebenkrone, am Rand mit 2–3 mm breiten hellroten Zacken, mit 6 Staubblättern und einem einzelnen Griffel. Die Verdickung zwischen Blüte und Stängel entspricht dem Fruchtknoten. Er ist mit einer hellbraunen, knittrigen Membran bedeckt.

FRÜCHTE
Samen in einer ovalen, dreikammerigen, grünen Kapsel, die bei Reife braun wird und sich öffnet, um die kleinen, schwarzen Samen zu entlassen.

STÄNGEL
Hohl, dunkelgrün.

ZWIEBEL
Dick und oval.

Gelbe Narzisse

Was macht sie interessant?

Die Gelbe Narzisse oder Gewöhnliche Osterglocke bildet schon früh eindrucksvolle Blüten. Als früher Farbtupfer im Frühling ist sie beliebt, weshalb sie manchmal in großer Zahl zusammenstehen.

Ökologie

Sie ist eine westeuropäische Pflanze, die von Südskandinavien bis zum Norden der Iberischen Halbinsel und von den Britischen Inseln bis nach Deutschland und in der Schweiz vorkommt. Die Gelbe Narzisse braucht viel Wasser und volles Sonnenlicht, daher findet man sie vor allem in Rasenflächen, in Hochweiden sogar auf bis 2200 m Höhe. Sie wächst zuweilen auch an halbschattigen Standorten in Eich- und in Buchenwäldern, bevorzugt aber den Waldrand. Es gibt sehr viele Kulturvarietäten der Narzisse. Sie ist leicht mit der weiß blühenden Dichter-Narzisse (*Narcissus poeticus* L.) zu verwechseln.

Phänologische Entwicklungsstadien

Die Kulturvarietäten sind in ihrer Entwicklung frühzeitiger als die Wildarten. Daher sollte immer notiert werden, wenn die Beobachtungen eine Kulturvarietät betreffen.

BLÜTENBILDUNG UND BLÜTE

[Stadium 55]
Blüten sichtbar, nicht aufgeblüht

[Stadium 61]
Ca. 10 % der Blüten aufgeblüht

[Stadium 65]
Ca. 50 % der Blüten aufgeblüht

PHÄNOLOGISCHER KALENDER

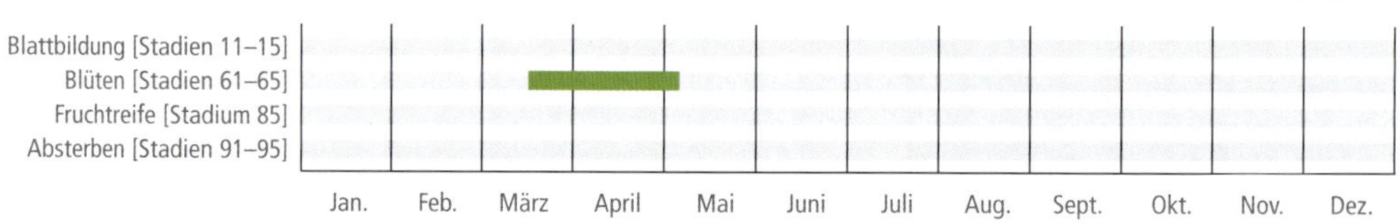

Narcissus pseudonarcissus L. / Amaryllidaceae

Bestimmungsmerkmale

Die Gelbe Narzisse ist eine mehrjährige Pflanze von 20–40 cm Höhe.

BLÜTEN
Zwittrig, einzeln, Durchmesser 4–5 cm, geneigt, fast geruchslos. Meist 6 Blütenhüllblätter, blassgelb, länglich, spitz, im unteren Bereich verwachsen. Im Zentrum die gelbe Nebenkrone, am Rand gezackt, mit 6 Staubblättern und einem einzelnen Griffel. Die Verdickung zwischen Blüte und Stängel entspricht dem Fruchtknoten. Er ist mit einer hellbraunen, knittrigen Membran bedeckt.

BLÄTTER
Aufrecht, sehr lang gezogen und schmal (4–15 mm), satt grün, meist 2–4 Blätter, fast so lang wie der Blütenstiel.

STÄNGEL
Blütenstiel hohl, dunkelgrün, flach mit 2 Kanten.

ZWIEBEL
Dick und oval.

FRÜCHTE
Samen in einer ovalen, dreikammerigen Kapsel, die bei Reife braun wird und sich öffnet, um die kleinen, schwarzen Samen zu entlassen.

Klatsch-Mohn

Was macht ihn interessant?

Der Klatsch-Mohn ist gemeinsam mit der Kornblume typisch für Kornfelder. Er ist weit verbreitet. Seine roten Blüten sind leicht zu erkennen.

Ökologie

Der Klatsch-Mohn ist eine einjährige Pflanze, die bis in 2000 m Höhe in ganz Europa sehr weit verbreitet ist. Er bevorzugt tonhaltige Kalkböden, aber man findet ihn an vielen verschiedenen Standorten (Weiden, Ufer, am Weges- und Straßenrand, Brachen). Seine bevorzugten Standorte sind allerdings Kulturflächen, wo er vom bearbeiteten Boden und der geringen Konkurrenz durch andere Pflanzen profitiert. Er gilt als Ackerunkraut und Winterannuelle, also als einjährig-überwinternde Pflanze. Wie bei allen «Unkräutern» ist der Wachstumszyklus perfekt an den Anbauzyklus der Feldfrüchte angepasst: Die Keimung erfolgt zwischen September und Dezember (zur gleichen Zeit wie das Wintergetreide); die Blüten bilden sich von April bis Juli, und vor der Ernte (etwa von Getreide) entstehen Tausende von Samen. Bis zum nächsten Frühherbst bleiben die Samen in Keimruhe und verkraften daher wunderbar das Pflügen.

Phänologische Entwicklungsstadien

BLÜTENBILDUNG UND BLÜTE

Beim Klatsch-Mohn dauert die Blütenbildung recht lange, obwohl die Kronblätter nur kurze Zeit vorhanden sind (einen Tag). Entsprechend überlappen sich die Stadien der Blütenbildung mit denen der Fruchtbildung. Man findet gleichzeitig Knospen, geöffnete Blüten, welke Blüten und reifende Kapseln. Um den Anteil der geöffneten Blüten abschätzen zu können, ist es daher notwendig, die Gesamtheit dieser Entwicklungsstadien einzurechnen.

[Stadium 55]
Blüten sichtbar, nicht aufgeblüht

[Stadium 61]
Ca. 10 % der Blüten aufgeblüht

[Stadium 65]
Ca. 50 % der Blüten aufgeblüht

Papaver rhoeas L. / Papaveraceae

Bestimmungsmerkmale

In den jüngsten Stadien zeigt sich die Blattrosette, aus der ein oder mehrere beblätterte Stängel wachsen, die in einem langen Blütenstandsstiel enden.

BLÜTEN
Zwitter, anfangs in eine dicke Blütenknospe eingeschlossen, die aus 2 behaarten Kelchblättern zusammengesetzt ist. Später entfalten sich 4 Kronblätter in der Form von Schmetterlingsflügeln, meist leuchtend rot, seltener rosa und sogar weiß.

STÄNGEL
Aufrecht, einfach oder verzweigt, am Ende ein langer Blütenstandsstiel, bedeckt mit weißen Haaren. Wenn sie abgebrochen werden, fließt aus den Stängeln ein weißer Milchsaft.

FRÜCHTE
Die schwarzen oder aschgrauen Samen sind winzig (<1 mm) und befinden sich in einer aufrecht stehenden Kapsel, die sich im oberen Teil mit zahlreichen Poren öffnet.

BLÄTTER
In verschieden geformte Segmente geteilt, linealisch bis lanzettförmig, ohne Blattstiel.

PHÄNOLOGISCHER KALENDER

	Jan.	Feb.	März	April	Mai	Juni	Juli	Aug.	Sept.	Okt.	Nov.	Dez.
Blattbildung [Stadien 11–15]												
Blüte [Stadien 61–65]				■	■	■	■					
Fruchtreife [Stadium 85]												
Absterben [Stadien 91–95]												

Gewöhnliche Fichte

Was macht sie interessant?

Die Fichte ist zusammen mit der Weiß-Tanne die wichtigste Nadelbaumart der montanen Waldgesellschaften. Sie wächst bevorzugt an frischen bis feuchten Standorten.

Ökologie

Die Fichte ist in Europa das am meisten vorkommende Nadelgehölz, vom Norden Skandinaviens bis nach Südeuropa (in Bergregionen) und von den Britischen Inseln bis nach Russland ist sie zu finden. Im Norden des Verbreitungsgebietes ist sie eine wichtige Art des borealen Nadelwalds, weiter im Süden findet sie die frischen Bedingungen der nördlichen Breitengrade vor allem in montanen und subalpinen Regionen. Die Art ist sehr widerstandsfähig gegenüber Kälte und wenig empfindlich gegenüber Frühlingsfrösten. Die Fichte bevorzugt ein feuchtes und frisches Klima. Unter diesen Voraussetzungen kann man sie auf sehr verschiedenen Böden finden.

An ganz unterschiedlichen ökologischen Standorten wurde die Fichte zudem zur Wiederbewaldung sowohl in der Ebene als auch auf Hügeln genutzt. Daher findet man Fichtenbestände auch an Standorten, die nicht ihren ökologischen Ansprüchen entsprechen. Dort reagiert sie allerdings empfindlicher auf Klimaschwankungen und Schädlinge. Beispielsweise haben viele Fichtenforste im Flachland nach der Trockenheit und Hitze von 2003 gelitten. In mittleren Höhenlagen findet man sie zusammen mit Weiß-Tanne (*Abies alba*) und Buche (*Fagus sylvatica*). In größeren Höhen bildet sie Reinbestände oder Mischbestände mit Lärche (*Larix decidua*) oder Berg-Kiefer (*Pinus mugo*).

Blattbildung bei der Gewöhnlichen Fichte

Picea abies (L.) H. Karst. / Pinaceae

Bestimmungsmerkmale

Sie ist der klassische Weihnachtsbaum mit einem sehr charakteristischen Duft, einer kegelförmigen Silhouette und hängenden Zweigen. Ihre Silhouette ist immer spitz zulaufend, unabhängig vom Alter, wodurch man sie im Wald von der Weiß-Tanne unterscheiden kann, mit der sie häufig verwechselt wird. Sie ist der größte europäische Nadelbaum und kann höher als 50 m werden. Im Hochgebirge kann sie eine sehr schmale Silhouette aufweisen mit wenig hängenden Ästen, was als Anpassung an den Schnee gelten kann. Ihre Rinde ist rötlich braun mit mehr oder weniger regelmäßigen Schuppen.

KNOSPEN
Klein (4–6 mm), olivbraun bis rötlich braun, spitz, nicht harzig. Die Seitenknospen stehen von den Zweigen ab.

MÄNNLICHE BLÜTEN
In rundlichen Kätzchen, zunächst purpurfarben, später gelblich. Sie stehen an der Basis der Zweige des Vorjahres.

WEIBLICHE BLÜTEN
Nahe an der Zweigspitze in kleinen, grünen oder rötlichen Zapfen, die zuerst aufrecht stehen, nach der Befruchtung hängen sie herab.

ZWEIGE
Rötlich braun bis orange, rau. Herabgefallene Nadeln hinterlassen deutliche Blattkissen an den Zweigen, wodurch sie gefurcht erscheinen.

BLÄTTER
Nadeln 15–25 mm lang, beidseits grün, stechend, viereckiger Querschnitt. Es gibt keine weißen, gut markierten Streifen (Stomata) auf der Nadelunterseite (im Unterschied zu Weiß-Tanne und Douglasie). Die Nadeln sind rund um den Zweig verteilt und nach oben gebogen.

FRÜCHTE
Zapfen 10–15 cm lang und hängend (Unterschied zur Tanne). Die dünnen Schuppen sind zunächst grün oder rötlich, später braun und glänzend. Der Zapfen zerfällt nicht am Baum und fällt im Ganzen zu Boden. Samen klein (3–4 mm), mit kleinem, membranartigem, länglichem Flügel.

Gewöhnliche Fichte

Phänologische Entwicklungsstadien

BLATTBILDUNG Die Nadeln sind sehr weich. Daher bleibt die Spitze der jungen Triebe im Stadium BBCH 07 durch Schuppen verschlossen.

[Stadium 00]
Ruhende Knospen

[Stadium 07]
Aufbrechende Knospen

[Stadium 09]
Nadeln stehen pinselförmig zusammen

[Stadium 11]
Ca. 10 % der Nadeln in der Krone haben sich aufgefächert

[Stadium 15]
Ca. 50 % der Nadeln in der Krone haben sich aufgefächert

BLÜTENBILDUNG UND BLÜTE

[Stadium 55]
Kätzchen am Ende ihrer Streckung, die Schuppen beginnen, sich zu spreizen

[Stadium 61]
Ca. 10 % der Kätzchen sind geöffnet, die Staubblätter setzen den Pollen frei

[Stadium 65]
Ca. 50 % der Kätzchen sind geöffnet, die Staubblätter setzen den Pollen frei

[Stadium 69]
Die Kätzchen beginnen zu welken

Picea abies (L.) H.Karst. / Pinaceae

FRUCHTREIFE Das Stadium 85 wird gleich nach dem Farbwechsel der Zapfen im Herbst notiert. Achtung, die jungen Zapfen können grün, aber auch rötlich sein. Die rötliche Färbung sollte nicht mit der Braunfärbung bei Reife verwechselt werden. Die Zapfen fallen im Laufe des nächsten Jahres zu Boden. Junge und alte Zapfen befinden sich somit zeitgleich auf dem Baum. Im Gegensatz zur Tanne fallen die Zapfen im Ganzen zu Boden.

[Stadium 79]
Zapfen mit maximaler Größe, noch nicht verfärbt

[Stadium 85]
Ca. 50 % der Zapfen reif

PHÄNOLOGISCHER KALENDER

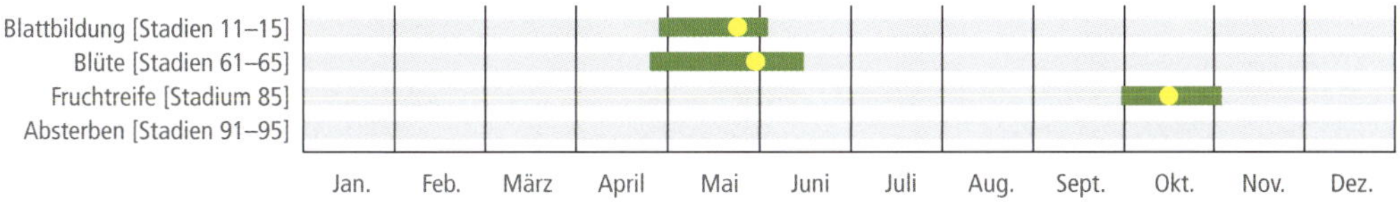

Wald-Kiefer / Wald-Föhre

Was macht sie interessant?

Die Wald-Kiefer ist in ganz Europa weit verbreitet und spielt eine wichtige Rolle für die Holzwirtschaft.

Ökologie

Die Wald-Kiefer hat ein riesiges Verbreitungsgebiet. Sie ist vor allem in West-, Mittel- und Nordeuropa häufig, im Osten bildet sie die großen sibirischen Wälder. Bei der Aufforstung wurde sie häufig in Gebiete eingeführt, in denen sich andere Arten schlechter regenerieren und langsamer wachsen.

Sie hat ausgesprochene Pioniermerkmale, denn sie liebt die volle Sonne und ist wenig anspruchsvoll hinsichtlich der Bodenbedingungen (Kalkböden meidet sie). Als Pionier besiedelt sie schnell offene Flächen, die beispielsweise von der Landwirtschaft aufgegeben wurden. Im Hochgebirge findet man sie regelmäßig, zusammen mit der Lärche (*Larix decidua*) oder der Berg-Kiefer (*Pinus mugo*), mit der sie leicht hybridisiert.

Die Wald-Kiefer ist eine winterharte Art, die großer Kälte widerstehen kann und wenig empfindlich auf Frühjahrsfröste reagiert. Es gibt «lokale Charakterarten», die sehr unterschiedliche ökologische Ansprüche und Formen aufweisen.

Blüte der Wald-Kiefer

Pinus sylvestris L. / Pinaceae

Bestimmungsmerkmale

Je nach Standortbedingungen, bei Anpflanzungen auch entsprechend ihrer Herkunft kann sie ein sehr majestätischer Baum sein oder im Gegenteil klein, verzweigt und gewunden. Man erkennt die Wald-Kiefer leicht an ihrer charakteristischen ocker-orangefarbenen Rinde im oberen Teil des Stammes.

Wald-Kiefer / Wald-Föhre

Phänologische Entwicklungsstadien

BLATTBILDUNG Die Triebe, die die weiblichen Blüten tragen, entwickeln sich viel früher und schneller als die rein vegetativen Triebe.

[Stadium 00]
Ruhende Knospen

[Stadium 07]
Knospe verlängert sich, die Nadeln bleiben im Innern der Nadelscheide, die eine silbrige Färbung annimmt; man sieht die grüne Basis der Nadeln

[Stadium 09]
Die Nadeln beginnen, die Nadelscheide zu durchstoßen

[Stadium 11]
Nadeln haben die Nadelscheide auf ca. 10 % der Krone komplett durchstoßen, sind aber noch miteinander verklebt

[Stadium 15]
Nadeln haben die Nadelscheide auf ca. 50 % der Krone komplett durchstoßen, sind aber noch miteinander verklebt

BLÜTENBILDUNG UND BLÜTE

[Stadium 55]
Kätzchen am Ende ihrer Streckung, die Schuppen beginnen, sich zu spreizen

[Stadium 61]
Ca. 10 % der Kätzchen geöffnet, die Staubblätter setzen den Pollen frei

[Stadium 65]
Ca. 50 % der Kätzchen geöffnet, die Staubblätter setzen den Pollen frei

[Stadium 69]
Die Kätzchen beginnen zu welken

FRUCHTREIFE Das Stadium 85 wird direkt nach dem Farbwechsel der Zapfen notiert, der im Herbst oder Winter des zweiten Jahres stattfindet (der Zapfen ist noch geschlossen).

[Stadium 79]
Früchte mit maximaler Größe, noch nicht verfärbt

[Stadium 85]
Ca. 50 % der Früchte reif

PHÄNOLOGISCHER KALENDER

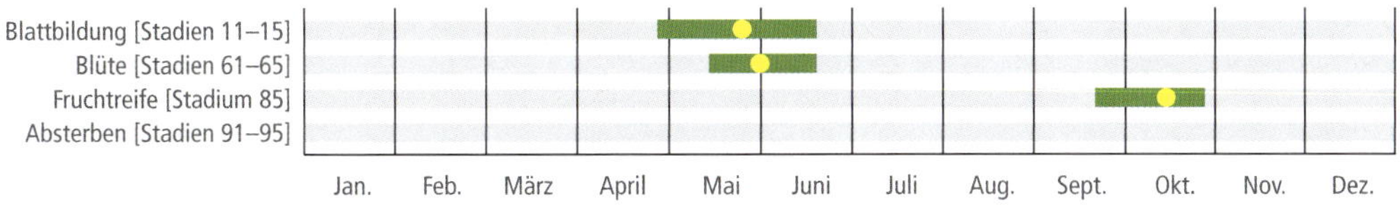

Gewöhnliche Platane

Was macht sie interessant?

Die Gewöhnliche Platane oder Bastard-Platane steht in Parkanlagen, Gärten, auf Dorfplätzen und entlang von Straßen und Alleen. Sie ist einer der häufigsten Zierbäume.

Ökologie

Die Gewöhnliche Platane ist eine natürliche Hybride zwischen der Asiatischen Platane (*Platanus orientalis* L.) und der Nordamerikanischen Platane (*Platanus occidentalis* L.). Die Asiatische Platane stammt aus Persien und wurde schon in der Antike in Europa verbreitet, die Nordamerikanische Platane ist in Nordamerika heimisch und gelangte Mitte des 17. Jahrhunderts nach England. Diese Herkunft ist jedoch umstritten, einige Botaniker meinen, dass die Gewöhnliche Platane nur eine Varietät der Asiatischen Platane sei.

Die Platane mag nährstoffreiche, nicht saure und tiefgründige Böden sowie Wärme. Sie wächst rasch und ist sehr langlebig (nach einigen Autoren mehrere Tausend Jahre). In einigen europäischen Ländern (Frankreich, Italien, Spanien, Griechenland, Schweiz) sind die Platanen mit einem pathogenen Pilz (*Ceratocystis fimbriata*) infiziert. Er stammt aus Amerika und ruft eine unheilbare Krankheit hervor: den Platanenkrebs.

Weibliche (in der Mitte vorne) und männliche Blüten (links im Hintergrund) der Gewöhnlichen Platane

Platanus × hispanica Mill. ex Münchh. / Platanaceae

Bestimmungsmerkmale

Sie ist ein Baum mit geradem Stamm und kann bis zu 40 m hoch werden. Wächst sie natürlich, ist ihre Krone groß. Da sie das Auslichten gut verträgt, kann man der Krone zum Schattenspenden eine flache Form geben. Die Rinde ist in jungen Jahren grünlich grau und glatt, später wird sie gelb- und grauscheckig und schält sich bei älteren Bäumen in dünnen Platten ab.

Gewöhnliche Platane

Phänologische Entwicklungsstadien

BLATTBILDUNG

[Stadium 00]
Ruhende Knospen

[Stadium 07]
Aufbrechende Knospen

[Stadium 09]
Blattspitzen herausgeschoben

[Stadium 11]
Ca. 10 % der Blätter entfaltet

[Stadium 15]
Ca. 50 % der Blätter entfaltet

BLÜTENBILDUNG UND BLÜTE Die Beobachtungen werden an den männlichen Blüten vorgenommen.

[Stadium 55]
Blüten sichtbar, nicht aufgeblüht

[Stadium 61]
Ca. 10 % der Blüten aufgeblüht

[Stadium 65]
Ca. 50 % der Blüten aufgeblüht

[Stadium 69]
Die Blüten beginnen zu welken

Platanus × hispanica Mill. ex Münchh. / Platanaceae

FRUCHTREIFE

[Stadium 79]
Früchte mit maximaler Größe, noch nicht verfärbt

[Stadium 85]
Ca. 50 % der Früchte reif

ABSTERBEN

[Stadium 90]
Die Blätter beginnen, sich zu verfärben oder abzufallen

[Stadium 91]
Ca. 10 % der Blätter verfärbt oder abgefallen

[Stadium 95]
Ca. 50 % der Blätter verfärbt oder abgefallen

PHÄNOLOGISCHER KALENDER

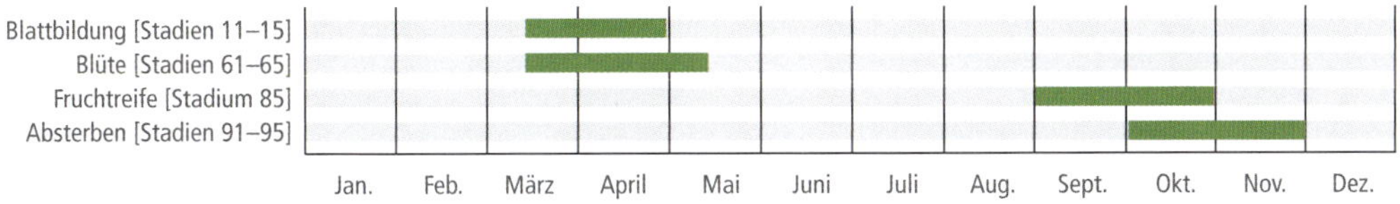

PAPPELN

Die Pappeln bilden eine Gruppe von mehr als 30 Arten, die in den gemäßigten und kalten Zonen der gesamten Nordhalbkugel verbreitet sind. Die Gattung *Populus* ist in Europa mit drei Arten vertreten: Silber-Pappel (*Populus alba* L.), Schwarz-Pappel (*Populus nigra* L.) und Zitter-Pappel oder Espe (*Populus tremula* L.). Die Pappel wird seit der Antike zur Holzproduktion angepflanzt. Die Einführung neuer, besonders nordamerikanischer Arten im 18. Jahrhundert hat zur Hybridisierung und Selektion und dadurch zu erheblichen Produktionssteigerungen geführt.

Silber-Pappel

Was macht sie interessant?

Die Silber-Pappel ist eine bedeutende Art am Rand von Fließgewässern.

Ökologie

Die Silber-Pappel ist in Europa weit verbreitet, ihr Verbreitungsgebiet erstreckt sich aber weiter nach Osten bis das Westasien. Sie ist in Bezug auf Licht und Wärme anspruchsvoll und braucht fruchtbare, feuchte bis sehr feuchte Böden. Trotzdem kann sie als Pionierpflanze auch trockenere Böden besiedeln. Sie verträgt leicht salzhaltige Böden und auch Gischt, weshalb sie nahe am Meerufer wächst. In feuchten Wäldern und an Wasserläufen wird sie häufig von Weiden begleitet, an trockeneren Standorten von der Grau-Erle. Es gibt Kulturvarietäten, die als Zierbaum gepflanzt werden.

Populus alba L. / Salicaceae

Bestimmungsmerkmale

Sie ist ein Baum von bis zu 30 m Höhe mit einem mehr oder weniger gewundenen Stamm. Ihre Rinde ist zunächst gräulich weiß und bedeckt mit rautenförmigen Korkwarzen. Später wird sie dick, rissig, am Grund schwärzlich und in der Höhe grünlich weiß. Es existieren männliche und weibliche Individuen.

BLÄTTER
Blätter an Langtrieben groß, in 3–5 dreieckige, unregelmäßig gezähnte Lappen geteilt. Blätter an den Kurztrieben ovaler und weniger geteilt (wellig oder gezähnt). Alle Blätter sind dunkelgrün, auf der Oberseite stumpf, auf der Unterseite behaart und weißlich. Blattstiele weiß.

FRÜCHTE
Kapseln mit flauschigen Samen.

ZWEIGE
Die jungen langen Zweige sind weißlich grau, behaart.

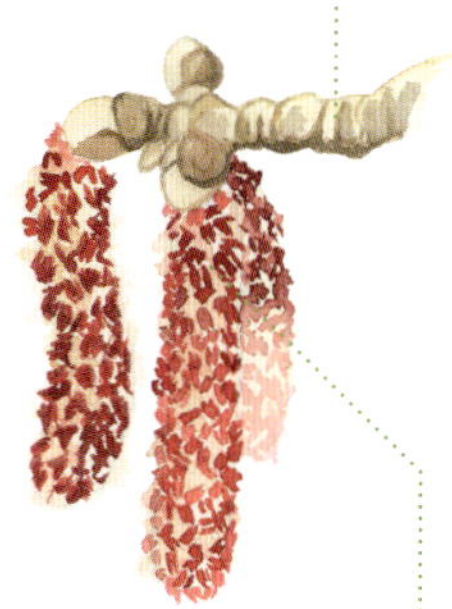

WEIBLICHE BLÜTEN
Sie sitzen auf den weiblichen Individuen und erscheinen vor den Blättern. Kätzchen lang, hängend, grünlich und unbehaart. Abgebildet ist ein fortgeschrittenes Stadium (Blüten bereits befruchtet).

MÄNNLICHE BLÜTEN
Sie sitzen auf den männlichen Individuen und erscheinen vor den Blättern. Kätzchen dick, hängend, behaart, grau und rot, daher dicken Raupen ähnelnd.

KNOSPEN
Blattknospen klein, oval, spitz mit braunen Schuppen, die mit weißen Haaren bedeckt sind. Blütenknospen dicker, rundlicher und weniger behaart.

Silber-Pappel

Phänologische Entwicklungsstadien

BLATTBILDUNG

[Stadium 00]
Ruhende Knospen

[Stadium 07]
Aufbrechende Knospen

[Stadium 09]
Blattspitzen herausgeschoben

[Stadium 11]
Ca. 10 % der Blätter entfaltet

[Stadium 15]
Ca. 50 % der Blätter entfaltet

BLÜTENBILDUNG UND BLÜTE Das Stadium ist erreicht, wenn die Kätzchen ganz die Knospen verlassen haben. Die Blütenbildung wird an männlichen Individuen beobachtet. Sie findet in der Regel kurz vor der Blattbildung statt.

[Stadium 55]
Kätzchen sichtbar, nicht aufgeblüht

[Stadium 61]
Ca. 10 % der Kätzchen aufgeblüht

[Stadium 65]
Ca. 50 % der Kätzchen aufgeblüht

[Stadium 69]
Die Kätzchen beginnen zu welken

Populus alba L. / Salicaceae

FRUCHTREIFE

Sie findet frühzeitig im Frühling statt.

[Stadium 79]
Früchte mit maximaler Größe, noch nicht verfärbt

[Stadium 85]
Ca. 50 % der Früchte reif

ABSTERBEN

[Stadium 90]
Die Blätter beginnen, sich zu verfärben oder abzufallen

[Stadium 91]
Ca. 10 % der Blätter verfärbt oder abgefallen

[Stadium 95]
Ca. 50 % der Blätter verfärbt oder abgefallen

PHÄNOLOGISCHER KALENDER

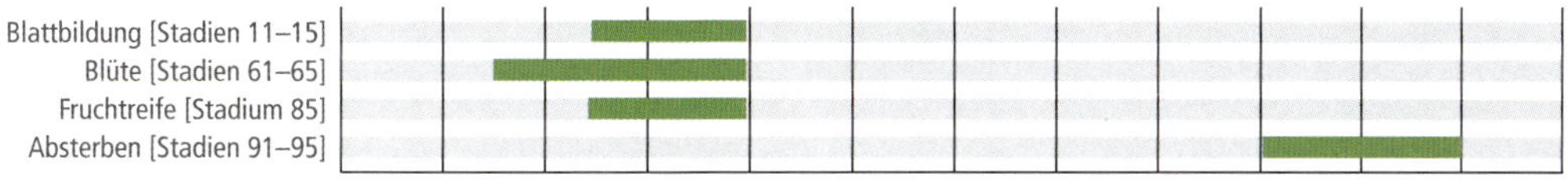

Schwarz-Pappel

Was macht sie interessant?

Die Schwarz-Pappel wird häufig als Straßenbaum und als Windschutzhecke gepflanzt.

Ökologie

Das natürliche Verbreitungsgebiet der Schwarz-Pappel erstreckt sich von Europa über Nordafrika bis nach Asien. Sie ist ein Auenwaldbaum, in Mitteleuropa aber mittlerweile selten. Man findet sie angepflanzt entlang von Ufern, Kanälen, Flüssen und Straßen. Wie die meisten Pappeln liebt sie fruchtbare, tiefgründige, feuchte Böden und ist sehr anspruchsvoll in Bezug auf Licht.

Phänologische Entwicklungsstadien

Siehe Steckbrief der Silber-Pappel, S. 184–187.

Säulenförmiger Wuchs der Pyramiden-Pappel (*Populus nigra* ‚Italica')

PHÄNOLOGISCHER KALENDER

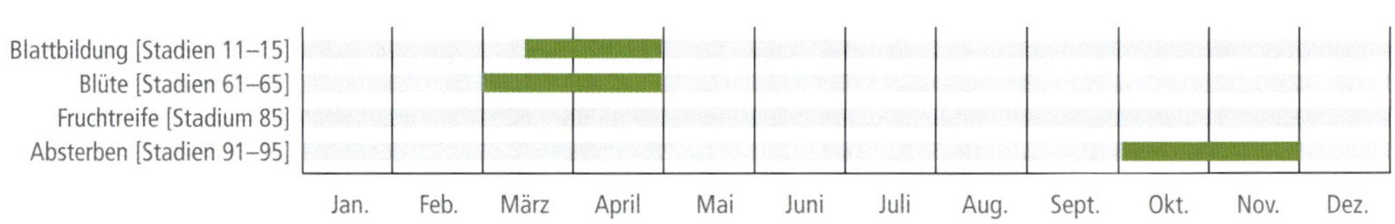

Bestimmungsmerkmale

Sie ist ein großer Baum, 25–30 m hoch und von säulenförmigem Wuchs (in Form einer aufrechten Spindel und schlank wie die Echten Zypressen). In ihrer Jugend ist die Rinde glatt, grau und silberfarben. Wenn der Baum altert, reißt die Rinde ein, dann bildet sie tiefe senkrechte Risse mit dunkelgrauen bis schwärzlichen Erhöhungen.

KNOSPEN
Die Endknospen sind groß (10 mm), länglich und spitz, die Seitenknospen sind kleiner (6 mm) und liegen den Zweigen an. Knospen hellbraun bis rötlich braun und nicht klebrig.

ZWEIGE
Rund und leicht kantig, unbehaart.

MÄNNLICHE BLÜTEN
In hängenden, relativ kurzen Kätzchen, rotviolett, auf einem kaum vorhandenen Blütenstandsstiel sitzend.

BLÄTTER
Groß (6–10 cm), dreieckig (an Langtrieben) oder rautenförmig (an Kurztrieben), mit abgeflachtem Blattstiel, beidseits dunkelgrün, unregelmäßig gezähnt.

Zitter-Pappel/Espe

Was macht sie interessant?

Die Zitter-Pappel ist einer der am weitesten verbreiteten Bäume und aufgrund seines raschen Wachstums von wirtschaftlicher Bedeutung. Ihre Blätter zittern beim geringsten Luftzug, daher ihr Name.

Ökologie

Die Zitter-Pappel hat auf der Nordhalbkugel ein weites Verbreitungsgebiet und ist von Irland bis China und Japan präsent. Sie wächst bis in den Norden Skandinaviens, in mediterranen Gebieten hingegen findet man sie seltener als die Schwarz-Pappel. Die Zitter-Pappel ist viel weniger anspruchsvoll in Bezug auf Wasser als die anderen Pappeln. Sie widersteht Frost und toleriert verschiedenste Bodenbedingungen. Als Lichtbaumart besiedelt sie rasch leere und für andere Pflanzen schwierige Flächen, etwa Geröllhalden, Ufer von Gebirgsbächen, Lawinenzüge, degradierte Wälder.

Phänologische Entwicklungsstadien

Siehe Steckbrief der Silber-Pappel, S. 184–187.

PHÄNOLOGISCHER KALENDER

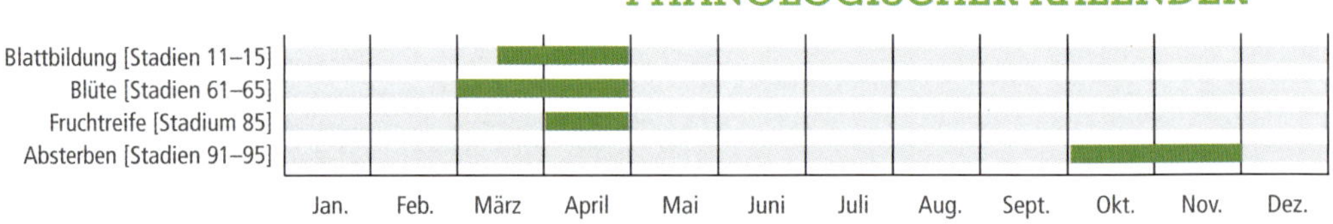

Populus tremula L. / Salicaceae

Bestimmungsmerkmale

Mit einer durchschnittlichen Höhe von 15–20 m (in Ausnahmen 25 m) ist sie die kleinste Pappel-Art. Der Stamm ist relativ kurz und meist krumm, in den Bergen findet man Bäume mit einem geraderen, schlanken Stamm. Die Krone kann sehr entwickelt sein, bleibt aber licht. Die Rinde ist zuerst glatt, hellgrau bis grünlich mit rautenförmigen Unebenheiten. Danach bilden sich senkrechte und tiefe Risse an der Basis, die schwärzlich werden. Die Zitter-Pappel erhielt ihren Namen wegen der unaufhörlichen Bewegung ihrer Blätter beim geringsten Lufthauch. Es gibt männliche und weibliche Individuen.

BLÄTTER
Blätter wechselständig. Auf den Kurztrieben rundlich, stumpf gezähnt (6–12 Paar kleine Zähne), Oberseite mattgrün und Unterseite weißlich. Blattstiel lang (4–6 cm) und abgeflacht. Auf den Langtrieben sind die Blätter groß (>10 cm), an der Basis herzförmig, dreieckig und behaart. Stockausschläge und sehr kräftige Zweige oft stark behaart.

WEIBLICHE BLÜTEN
Sie sitzen auf den weiblichen Individuen, in hängenden, grünlichen Kätzchen.

ZWEIGE
Die jungen langen Zweige sind glänzend, olivbraun bis gelbbraun, besetzt mit Korkwarzen.

KNOSPEN
Mittelgroß (6–8 mm), dunkelbraun, sehr spitz (die Endknospen stechen). Die Seitenknospen liegen eng am Zweig an, die Spitze meist zum Zweig hin gedreht. Schuppen durch ein fest werdendes Sekret angeklebt, glänzend.

FRÜCHTE
Trocken (Kapseln), rund, kahl, setzen kleine Samen frei, die gleich einer Puderquaste mit langen, weißen Haaren versehen sind.

MÄNNLICHE BLÜTEN
Sie sitzen auf den männlichen Individuen und erscheinen vor den Blättern. Kätzchen dick, hängend, silbrig, später braun (rote Staubblätter), ähneln dicken Raupen.

Echte Schlüsselblume

Was macht sie interessant?

Die Echte Schlüsselblume, auch Frühlings- oder Wiesen-Schlüsselblume genannt, ist weit verbreitet. Ihre zarten gelben Blüten zeigen schon früh den Frühling an.

Ökologie

Die Echte Schlüsselblume und ihre nahe Verwandte, die Wald- oder Hohe Schlüsselblume (*Primula elatior* (L.) Hill) werden allgemein als «Schlüsselblume» bezeichnet. Sie wächst auf nährstoffreichen und kalkhaltigen Böden und braucht viel Licht, was ihre Anwesenheit an Wald- und Wegrändern, in Rasenflächen und Wiesen erklärt. Die Wald-Schlüsselblume wächst eher an frischen und weniger nährstoffreichen Waldstandorten.

Phänologische Entwicklungsstadien

Betreffen die Beobachtungen eine Kulturform, muss dies notiert werden (sie entwickeln sich frühzeitiger als die Wildart).

BLÜTENBILDUNG UND BLÜTE

[Stadium 55]
Blüten sichtbar,
nicht aufgeblüht

[Stadium 61]
Ca. 10 % der Blüten
aufgeblüht

[Stadium 65]
Ca. 50 % der Blüten
aufgeblüht

PHÄNOLOGISCHER KALENDER

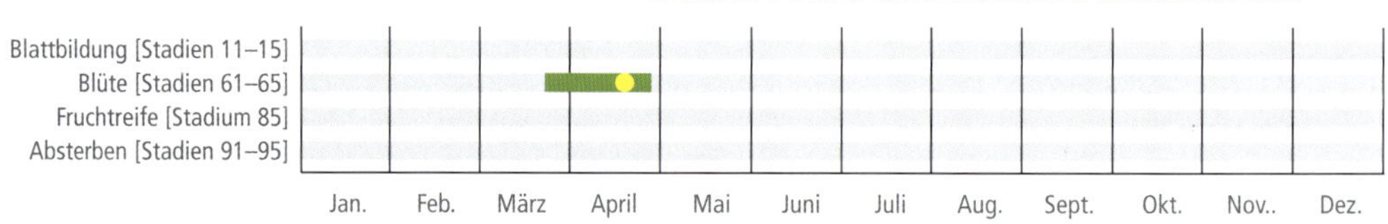

Primula veris L. / Primulaceae

Bestimmungsmerkmale

Sie ist eine ausdauernde, krautige Pflanze mit Blattrosette. In voller Blüte ist sie 10–30 cm hoch.

BLÜTEN
Hellgelb mit einem orangefarbenen Punkt an der Basis der Kronblätter, stark duftend. Die 5 verwachsenen Kronblätter formen eine Röhre. Kelchblätter blassgrün, behaart und ebenfalls zu einer Röhre miteinander verwachsen (Blütenkelch). Blüten am Ende des Blütenstängels in einer einfachen Dolde.

FRÜCHTE
Ovale Kapseln, die von einem Fruchtkelch umgeben sind.

BLÄTTER
Oval, an der Basis relativ abrupt zu einem nicht geflügelten Blattstiel verschmälert. Die Blattspreite kann auf der Unterseite leicht behaart sein.

BLÜTENSTÄNGEL
Länger als die Blätter, behaart.

Verwechslung mit anderen Schlüsselblumen-Arten: Bei der Wald-Schlüsselblume (*Primula elatior* (L.) Hill) ist der Blattstiel geflügelt, die Blüten sind schwefelgelb, an ihrer Basis dunkler, duftlos. Die Blütenkrone ist breit und sehr offen. In den Gärten findet man zudem viele Gartensorten, hervorgegangen aus der Kissen-Primel, auch Stängellose Schlüsselblume genannt (*Primula vulgaris* Huds.). Bei diesen Schlüsselblumen stehen die Blüten einzeln an langen Blütenstielen, die mehr oder weniger behaart sind. Die Kissen-Primel hat schwefelgelbe Blüten, es können in den Gärten aber zahlreiche weitere Farben beobachtet werden. Erschwerend kommt hinzu, dass alle Schlüsselblumen natürliche Hybride bilden.

Vogel- und Sauer-Kirsche

Was macht sie interessant?

Die Sauer-Kirsche wurde ausgewählt, weil sie in den Gärten stark verbreitet ist und im Frühling eine spektakuläre Blüte zeigt. Ihre Wildform ist die Vogel-Kirsche (Syn. Süß-Kirsche, *Prunus avium* L.).

Ökologie

Die heute kultivierten Kirschen gehören zu zwei Arten und deren Hybriden: zur Süß-Kirsche (*Prunus avium* L.) aus Kleinasien und zur Sauer-Kirsche (*Prunus cerasus* L.) von den Küsten am Kaspischen Meer. Ihre Domestikation geht auf etwa 1000 v. Chr. zurück. Die Sauer-Kirsche ist sehr winterhart, weshalb man sie an verschiedenen Standorten anpflanzen kann. Sie kann im Winter Temperaturen unter –30 °C aushalten, nur das Einfrieren ihrer Blüten (bei etwa –2 °C) im Frühjahr begrenzt ihr Anbaugebiet. Die Sauer-Kirsche bevorzugt viel Licht. Die Wurzeln reagieren sensibel auf Staunässe, weshalb sie tonige Böden mit übermäßiger Feuchtigkeit im Winter meidet. Die Sauer-Kirsche ist dafür bekannt, dass sie im Frühjahr feuchte Witterung schlecht toleriert (besonders zur Blütezeit), da diese die Bestäubung stark behindert und die Früchte aufplatzen lässt.

Die verfügbaren Sorten wurden auf verschiedenen Unterlagen veredelt und mit unterschiedlichen Züchtungszielen entwickelt, etwa eine frühe oder späte Fruchtreife, die Anpassung an das lokale Klima, eine verbesserte Toleranz gegenüber bestimmten Krankheiten und verschiedenen Bodenarten.

Herbstfärbung der Kirsche

Prunus avium L. und *Prunus cerasus* L. / Rosaceae

Bestimmungsmerkmale

Dies ist ein Baum mit breitem Wuchs, in den Obstgärten wird er aber meist in der Spindelform gezogen.

KNOSPEN
Die Blattknospen sind klein und spitz (2–4 mm); die Blütenknospen sind dicker, runder und dunkelbraun. Die Blattknospe steht häufig mit mehreren Blütenknospen zusammen. Die Endknospe ist eine Blattknospe.

BLÄTTER
Länglich (10 × 5 cm), fein gesägt, kahl, oberseits glänzend. Blattstiel mehr oder weniger lang, in der Regel mit zwei roten Nektardrüsen an seiner Basis.

BLÜTEN
Sie sind Zwitter mit 5 Kelchblättern, 5 weißen Kronblättern, vielen Staubblättern (15–30) und einem Griffel. Je nach Sorte mehr oder weniger selbstbestäubend. Sitzen häufig auf Kurztrieben, entweder einzeln oder gemeinsam mit einer Blattknospe.

FRÜCHTE
Steinfrucht, dick, fleischig, glatt. Die Farbe ist hauptsächlich rot, variiert aber je nach Sorte. Der Kern ist oval, an den Seiten glatt, mit 2 Furchen an einem Rand und enthält 1 Samen.

ZWEIGE
Ab dem Sommerbeginn rötlich, relativ weich.

Phänologische Entwicklungsstadien

Es ist entscheidend, die beobachteten Sorten exakt anzugeben.

BLATTBILDUNG

[Stadium 00] Ruhende Knospe

[Stadium 07] Aufbrechende Knospe

[Stadium 09] Blattspitzen herausgeschoben

[Stadium 11] Ca. 10 % der Blätter entfaltet

[Stadium 15] Ca. 50 % der Blätter entfaltet

BLÜTENBILDUNG UND BLÜTE
Die Blüte erscheint vor der Blattbildung.

[Stadium 55] Blüten sichtbar, nicht aufgeblüht

[Stadium 61] Ca. 10 % der Blüten aufgeblüht

[Stadium 65] Ca. 50 % der Blüten aufgeblüht

[Stadium 69] Blüten beginnen zu welken

FRUCHTREIFE

[Stadium 79]
Die Früchte mit maximaler Größe, noch nicht verfärbt

[Stadium 85]
Ca. 50 % der Früchte reif

ABSTERBEN Das Laub kann bei sommerlicher Dürre sehr frühzeitig abfallen. Diese Art reagiert besonders empfindlich auf verschiedene Schädlinge, die eine frühzeitige Alterung verursachen. Dieser Parasitenbefall muss notiert werden.

[Stadium 90]
Die Blätter beginnen, sich zu verfärben oder abzufallen

[Stadium 91]
Ca. 10 % der Blätter verfärbt oder abgefallen

[Stadium 95]
Ca. 50 % der Blätter verfärbt oder abgefallen

PHÄNOLOGISCHER KALENDER

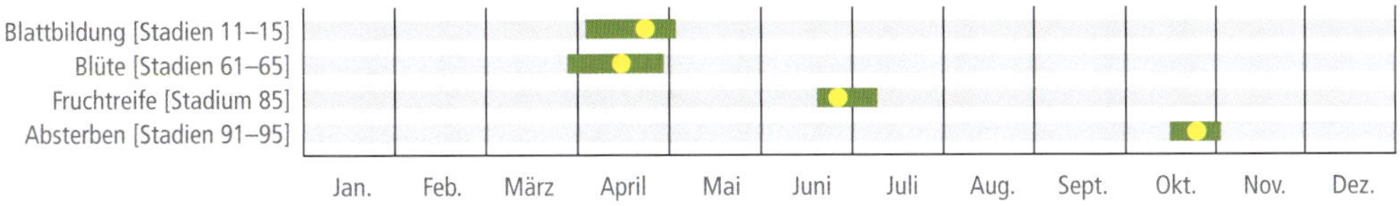

Pflaume

Was macht sie interessant?

Die Pflaume ist ein weit verbreiteter Obstbaum mit wirtschaftlicher Bedeutung. Es existieren verschiedene Sorten.

Ökologie

Die Pflaume stammt aus dem Kaukasus. Sie bevorzugt durchlässige Böden und kommt mit relativ nährstoffarmen und kalkhaltigen Standorten zurecht. Sie widersteht gut der Winterkälte, reagiert aber empfindlich auf Frühlingsfröste. Dennoch ermöglicht ihre reiche Blüte häufig eine ausreichende Ernte.

Prunus domestica L. ist die Ursprungsart für verschiedene Obstbaumarten, dazu gehören die Gewöhnliche Pflaume oder Zwetschge (*Prunus domestica* subsp. *domestica*), die Hafer-Pflaume (*Prunus domestica* subsp. *insititia*), die rundlichere Reneklode (*Prunus domestica* subsp. *italica*) und die Mirabelle (*Prunus domestica* subsp. *syriaca*).

Blüte der Pflaume

Prunus domestica L. / Rosaceae

Bestimmungsmerkmale

Die Pflaume ist ein Obstbaum mit relativ aufrechtem Wuchs und dichter Krone. Ihre Höhe variiert je nach Schnittmethode zwischen 3 und 8 m. Ihre glatte, gräulich braune Rinde wird mit dem Alter rissig.

BLÄTTER
Wechselständig, oval mit kurzer Spitze, dunkelgrün, kahl oder leicht flaumig auf der Unterseite, etwa 8 cm lang. Auf den jungen Blättern bilden die vielen Blattadern ein mehr oder weniger quadratisches Netz. Blattstiel kurz (1–2 cm). Nebenblätter behaart.

BLÜTEN
Zwittrig, 5 Kelchblätter, 5 weiße oder leicht grünliche Kronblätter mit zahlreichen Staubblättern (15–30). Fruchtknoten mit nur einem Griffel. Einzeln oder in Gruppen entlang der Zweige.

ZWEIGE
Braun, relativ weich.

FRÜCHTE
Runde bis ovale Steinfrüchte, bei Reife 3–5 cm lang und je nach Sorte gelb bis violett. Im Inneren je nach Unterart ein länglicher und zugespitzter bis rundlicher Kern, der den Samen enthält.

KNOSPEN
Blattknospen klein und spitz (2–4 cm), Blütenknospen größer und runder, dunkelbraun.

Pflaume

Phänologische Entwicklungsstadien

Die beobachtete Sorte sollte unbedingt angegeben werden.

BLATTBILDUNG Achtung, bei dieser Art werden die Knospenschuppen gelb, bevor im Stadium BBCH 07 die jungen Blätter erscheinen.

[Stadium 00]
Ruhende Knospen

[Stadium 07]
Aufbrechende Knospen

[Stadium 09]
Blattspitzen herausgeschoben

[Stadium 11]
Ca. 10 % der Blätter entfaltet

[Stadium 15]
Ca. 50 % der Blätter entfaltet

BLÜTENBILDUNG UND BLÜTE Die Blüten öffnen sich meist kurz bevor sich die Blätter und Triebe entwickeln.

[Stadium 55]
Blüten sichtbar, nicht aufgeblüht

[Stadium 61]
Ca. 10 % der Blüten aufgeblüht

[Stadium 65]
Ca. 50 % der Blüten aufgeblüht

[Stadium 69]
Die Blüten beginnen zu welken

Prunus domestica L. / Rosaceae

FRUCHTREIFE

[Stadium 79]
Früchte mit maximaler Größe, noch nicht verfärbt

[Stadium 85]
Ca. 50 % der Früchte reif

ABSTERBEN Das Laub kann bei sommerlicher Trockenheit sehr früh abfallen. Die Pflaume reagiert besonders empfindlich auf verschiedene Schädlinge, die eine frühzeitige Seneszenz verursachen. Dieser Parasitenbefall muss vermerkt werden.

[Stadium 90]
Die Blätter beginnen, sich zu verfärben oder abzufallen

[Stadium 91]
Ca. 10 % der Blätter verfärbt oder abgefallen

[Stadium 95]
Ca. 50 % der Blätter verfärbt oder abgefallen

PHÄNOLOGISCHER KALENDER

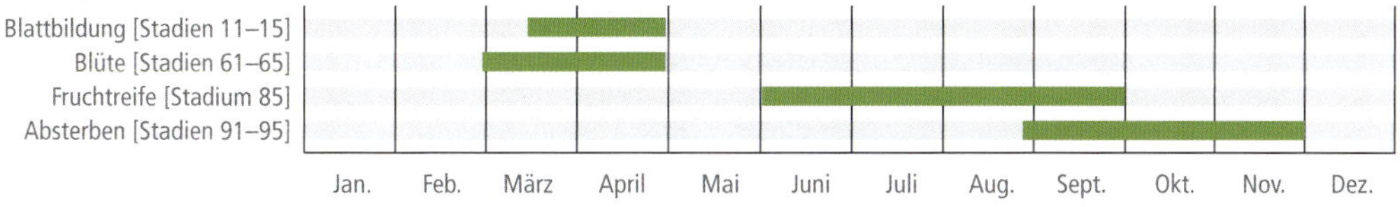

Gewöhnliche Douglasie

Was macht sie interessant?

Die Gewöhnliche Douglasie ist ein Waldbaum, der wegen der Qualität des Holzes und seines raschen Wachstums häufig zur Wiederaufforstung verwendet wird. Aufgrund seiner eindrucksvollen Erscheinung steht er aber auch häufig in Parkanlagen.

Ökologie

Die Gewöhnliche Douglasie stammt aus dem Westen Nordamerikas. Ihr natürliches Verbreitungsgebiet zieht sich von Kanada bis Mexiko und von den Küstenregionen der Vereinigten Staaten bis weit ins Landesinnere. In diesem riesigen Verbreitungsgebiet unterscheidet man zwei Varietäten: die Grüne Douglasie, auch Küsten-Douglasie genannt (*Pseudotsuga menziesii* var. *menziesii* [Mirb.] Franco), die ihren Ursprung in den Küstenregionen hat, und die Blaue Douglasie (*Pseudotsuga menziessi* var. *glauca* [Beissn.] Franco), die aus dem Landesinneren stammt. Die Douglasie wurde zunächst als Zierart angesehen, 1827 brachte David Douglas sie nach England, daher ihr Name. Sie wird auch «Douglastanne» genannt, gehört jedoch nicht zur botanischen Familie der Tannen. Zu Beginn des 19. Jahrhunderts und besonders nach dem Zweiten Weltkrieg war die Douglasie in Westeuropa die bevorzugte Baumart für die Wiederaufforstung, da sie ausgezeichnetes Holz liefert und schnell wächst.

Die ökologischen Ansprüche der Gewöhnlichen Douglasie sind noch wenig bekannt, allerdings scheint sie sehr anpassungsfähig zu sein, da sie auf Böden und in Klimazonen gedeiht, die in ihrem ursprünglichen Verbreitungsgebiet nicht vorkommen. Um die Holzproduktion zu maximieren, wird sie im Waldbau vor allem in Regionen unter 800 m mit hohen jährlichen Niederschlagsmengen angepflanzt. Sie bevorzugt wärmere Gegenden, wo Schneefall weniger wahrscheinlich ist (Astbruch), und saure Böden mit einer guten Wasserspeicherkapazität.

Fruchtbildung bei der Gewöhnlichen Douglasie

Pseudotsuga menziesii (Mirb.) Franco / Pinaceae

Bestimmungsmerkmale

In ihrem natürlichen Verbreitungsgebiet erreicht die Gewöhnliche Douglasie 100 m Höhe und 3 m Stammumfang, in Europa bis zu 60 m Höhe. Die Silhouette ist pyramidenförmig. In jungen Jahren ist die Rinde der Gewöhnlichen Douglasie glatt und grün und enthält viele duftende Harzbläschen. Später wird sie dick, rissig mit tiefen, orangeroten Furchen.

ZWEIGE
Weich, bedeckt mit ovalen Narben, die die abfallenden Nadeln hinterlassen (dadurch wie gefurcht), rotbraun bis grünlich.

WEIBLICHE BLÜTEN
Nahe an den Zweigenden, formen kleine, grünliche oder rötliche Zapfen. Zunächst aufrecht, nach der Befruchtung drehen sie sich allmählich Richtung Boden.

FRÜCHTE
Zapfen 5–12 cm lang, hängend. Schuppen mit kleinen, membranartigen Flügeln, mit drei Spitzen (dreizipfelig). Der Zapfen fällt nicht am Baum auseinander, sondern fällt als Ganzes ab. Samen winzig und mit kleinen, membranartigen Flügeln versehen.

BLÄTTER
Nadeln (15–30 mm) weich und dünn, abgeflacht und am Ende eher rund, kammartig am Zweig angeordnet. Beim Zerdrücken verströmen sie einen starken Zitrusduft.

KNOSPEN
Sehr charakteristisch, lang (6–8 mm), dunkelbraun bis bordeauxfarben, sehr spitz in Form einer Rakete, die Schuppen sind weiß gesäumt.

MÄNNLICHE BLÜTEN
Zu mehreren zusammen in rundlichen Kätzchen an der Basis der Zweige, gelblich bis goldgelb.

Gewöhnliche Douglasie

Phänologische Entwicklungsstadien

BLATTBILDUNG Die Nadeln sind sehr weich. Daher bleibt die Spitze der jungen Triebe im Stadium BBCH 07 durch Schuppen verschlossen.

[Stadium 00]
Ruhende Knospen

[Stadium 07]
Aufbrechende Knospen

[Stadium 09]
Nadeln stehen pinselförmig zusammen

[Stadium 11]
Ca. 10 % der Nadeln in der Krone haben sich aufgefächert

[Stadium 15]
Ca. 50 % der Nadeln in der Krone haben sich aufgefächert

BLÜTENBILDUNG UND BLÜTE

[Stadium 55]
Kätzchen am Ende ihrer Streckung, die Schuppen beginnen, sich zu spreizen

[Stadium 61]
Ca. 10 % der Kätzchen sind geöffnet, die Staubblätter setzen den Pollen frei

[Stadium 65]
Ca. 50 % der Kätzchen sind geöffnet, die Staubblätter setzen den Pollen frei

[Stadium 69]
Die Kätzchen beginnen zu welken

Pseudotsuga menziesii (Mirb.) Franco / Pinaceae

FRUCHTREIFE Man notiert das Stadium 85 gleich nach dem Farbwechsel der Zapfen im Herbst. Die Zapfen fallen im Laufe des folgenden Jahres zu Boden. Junge und alte Zapfen sind also gleichzeitig am Baum vorhanden.

[Stadium 79]
Früchte mit maximaler Größe,
noch nicht verfärbt

[Stadium 85]
Ca. 50 % der Früchte reif

PHÄNOLOGISCHER KALENDER

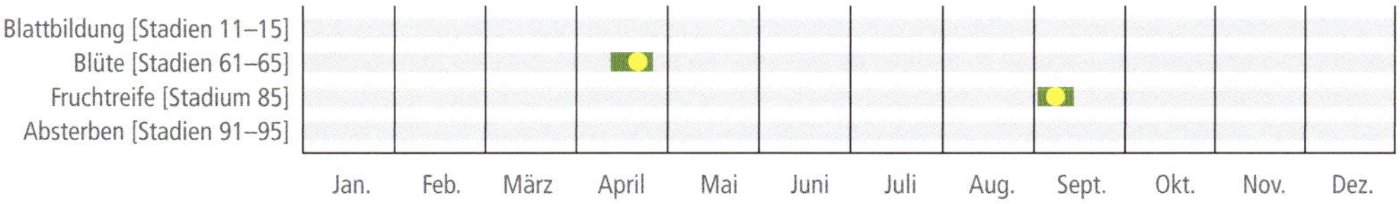

Kultur-Birne

Was macht sie interessant?

Der Birnbaum ist eine weit verbreitete Obstbaumart, von der man viele Sorten kennt. Für die Phänologie ist seine Blüte von Interesse.

Ökologie

Er ist ein Baum der gemäßigten Zonen in Höhen bis 800 m. Besonders im professionellen Gartenbau ist er meist auf eine Unterlage gepfropft, die an die jeweiligen Standortfaktoren besser angepasst ist. Der Birnbaum bevorzugt Böden mit einer guten Wasserspeicherkapazität und einem niedrigen Kalkanteil. Er braucht viel Licht und Wärme, widersteht aber dem winterlichen Frost gut. Mit seiner frühen Blüte reagiert er jedoch empfindlich auf Frühlingsfröste. Der Birnbaum reagiert empfindlich auf Trockenheit sowohl der Luft als auch des Bodens. In Gärten und Obstplantagen findet man eine große Breite an Sorten mit sehr frühzeitiger (Ende Juni) bis sehr später Reife (Ende August).

In vielen europäischen Wäldern wächst auf fruchtbaren Böden und an warmen Standorten die Wild-Birne (*Pyrus pyraster* (L.) Burgsd.). Ihre kleinen, nur 3–4 cm großen Birnen sind sauer.

Beginnende Birnenblüte

Pyrus communis L. / Rosaceae

Bestimmungsmerkmale

Der Birnbaum ist ein Obstbaum mit aufrechter Wuchsform, im Obstgarten wird er in Spindel- oder Spalierform geschnitten. Seine Höhe variiert je nach Schnittmode zwischen 2 und 7 m, er kann jedoch in seiner Wildform 15 m erreichen. Die Rinde ist in jungen Jahren glatt und grünlich, wenn er älter wird, wird sie dunkelbraun, rissig und schuppig.

BLÄTTER
Wechselständig, relativ dick und glänzend auf der Oberseite, oval, fein gesägt, lang (10 × 5 cm). Blattstiel nahezu ebenso lang wie die Blattspreite.

KNOSPEN
Blattknospen klein (2–4 mm) und spitz. Blütenknospen größer und rundlicher, dunkelbraun. Die Blütenknospen enthalten zugleich Blüten- und Blattorgane und werden deshalb zuweilen gemischte Knospen genannt.

ZWEIGE
Starr, glatt und gelblich.

BLÜTEN
Zwittrig, mit 5 Kelchblättern, 5 weißen Kronblättern und zahlreichen Staubblättern (20–25). Fruchtknoten mit nur einem Griffel. Es stehen 10–12 Blüten in kurzen Blütenständen an Kurztrieben zusammen, vor allem an den Zweigspitzen.

FRÜCHTE
Die Birne ist eine dicke, fleischige Kernfrucht mit saftigem Fruchtfleisch, wenn sie reif ist. Ihre Färbung variiert von grün bis gelb, bei einigen Sorten rötlich.

Kultur-Birne

Phänologische Entwicklungsstadien

Die beobachtete Sorte sollte unbedingt angegeben werden.

BLATTBILDUNG Achtung, bei dieser Art färben sich die Knospenschuppen gelb, bevor die jungen Blätter zwischen den Schuppen im Stadium BBCH 07 erscheinen.

[Stadium 00]
Ruhende Knospen

[Stadium 07]
Aufbrechende Knospen

[Stadium 09]
Blattspitzen herausgeschoben

[Stadium 11]
Ca. 10 % der Blätter entfaltet

[Stadium 15]
Ca. 50 % der Blätter entfaltet

BLÜTENBILDUNG UND BLÜTE

[Stadium 55]
Blüten sichtbar, nicht aufgeblüht

[Stadium 61]
Ca. 10 % der Blüten aufgeblüht

[Stadium 65]
Ca. 50 % der Blüten aufgeblüht

[Stadium 69]
Die Blüten beginnen zu welken

FRUCHTREIFE

[Stadium 79]
Früchte mit maximaler Größe, noch nicht verfärbt

[Stadium 85]
Ca. 50 % der Früchte reif

ABSTERBEN Diese Art reagiert besonders empfindlich auf verschiedene Schädlinge, die eine frühzeitige Alterung verursachen. Dieser Parasitenbefall muss notiert werden.

[Stadium 90]
Die Blätter beginnen, sich zu verfärben oder abzufallen

[Stadium 91]
Ca. 10 % der Blätter verfärbt oder abgefallen

[Stadium 95]
Ca. 50 % der Blätter verfärbt oder abgefallen

PHÄNOLOGISCHER KALENDER

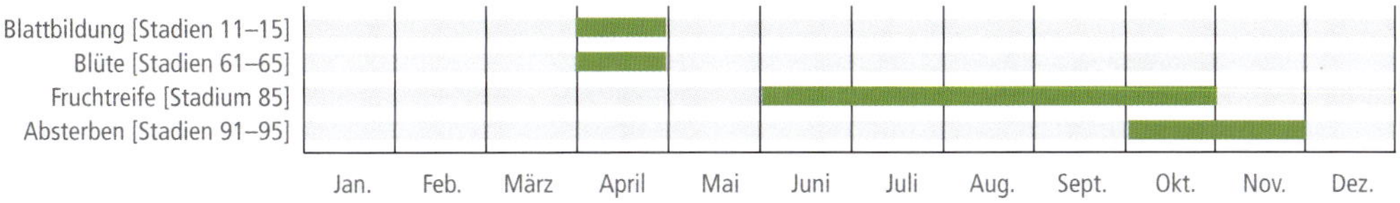

EICHEN

Als Eichen werden mehrere Baum- und Straucharten bezeichnet, die zur Gattung *Quercus* gehören. Zur Gattung zählen sowohl laubabwerfende als auch immergrüne Arten. Sie sind auf der gesamten Nordhalbkugel verbreitet, von den kühleren Breitengraden bis in tropische Gebiete Asiens und Amerikas. Die Arten unterscheiden sich daher sehr in Bezug auf ihre Formen und ökologischen Ansprüche.

Die meisten Eichen sind gut an ihren Blättern zu erkennen, die gattungstypisch gelappt oder gebuchtet sind. Die Früchte der Eichen heißen «Eicheln». Es sind langlebige Bäume, die teils über 500 Jahre alt werden und mehr als 35 m hoch wachsen können. Die Wuchsform ist schlank oder gedrungen, je nach den ökologischen Bedingungen und der Art.

Die Eichen wurden ausgewählt, weil sie typisch für die Wälder der Tiefebene und der Mittelgebirge sind. Sie sind zudem wichtig für die Holzproduktion. Die phänologischen Stadien sind zwischen den Arten vergleichbar, obwohl die Form der Knospen, der Blätter und der Früchte variiert.

Stiel-Eiche

Ökologie

Die Trauben- und Stiel-Eichen sind die beiden bedeutenden europäischen Eichen, sie sind vom Süden Skandinaviens bis zur Iberischen Halbinsel und in den Westen Russlands präsent. Ihre Verbreitungsgebiete überschneiden sich weit, aber jenes der Trauben-Eiche ist ein wenig eingeschränkter, vor allem im Osten Europas. Sie wächst in größeren Höhen (1600 m gegenüber 1300 m bei der Stiel-Eiche). Die beiden Arten werden häufig verwechselt, obwohl sie unterschiedliche morphologische Merkmale und ökologische Ansprüche haben.

Die Stiel-Eiche bevorzugt reichhaltige, wasserreiche Böden (Unterhang, Tal- und Schluchtsohlen, Ufer von Bächen und Flüssen, im Winter stark durchnässte Böden). Sie braucht mehr Licht (eher eine Pionierart als die Trauben-Eiche) und kann langfristig Standorte besiedeln, auch wenn sie nicht optimal geeignet sind (etwa flachgründige Kalkböden). Sie ist zudem ein Baum der Hecken und der Wiesen.

Die Trauben-Eiche ist weniger anspruchsvoll in Bezug auf Wasser und Licht als die Stiel-Eiche. Sie toleriert eher saure Böden, weniger gut erträgt sie Kalkböden und sehr feuchte Böden. Durch den Einfluss des Menschen findet man sie häufig an Standorten, die von ihrem ökologischen Optimum weit entfernt sind.

Quercus robur L. / Fagaceae

Bestimmungsmerkmale

MÄNNLICHE BLÜTEN
Lange, hängende Kätzchen, erscheinen zur gleichen Zeit wie die Blätter an der Basis der Jahrestriebe.

KNOSPEN
Braun, rundlich mit vielen Schuppen.

WEIBLICHE BLÜTEN
Winzig, rötlich grün, in Gruppen (2–5) an einem langen Blütenstandsstiel, der am Ende des Jahrestriebes sitzt.

BLÄTTER
Wechselständig mit 10–15 abgerundeten Lappen, an der Basis geöhrt. Blattstiel kurz (<1 cm), am Astende stehen sie meist in Bündeln zusammen. Blattunterseiten unbehaart, häufig sind sekundäre Blattadern zwischen den Hauptadern zu sehen. Blatt in der Regel im unteren Drittel am breitesten.

FRÜCHTE
Die Eicheln werden von einem Fruchtbecher getragen. Charakteristisch ist der lange Stiel (2–15 cm).

Stiel-Eiche

Phänologische Entwicklungsstadien

BLATTBILDUNG

[Stadium 00]
Ruhende Knospen

[Stadium 07]
Aufbrechende Knospen

[Stadium 09]
Blattspitzen herausgeschoben

[Stadium 11]
Ca. 10 % der Blätter entfaltet

[Stadium 15]
Ca. 50 % der Blätter entfaltet

BLÜTENBILDUNG UND BLÜTE Blüten- und Blattbildung erfolgen gleichzeitig.

[Stadium 55]
Blüten sichtbar, nicht aufgeblüht

[Stadium 61]
Ca. 10 % der Blüten aufgeblüht

[Stadium 65]
Ca. 50 % der Blüten aufgeblüht

[Stadium 69]
Die Blüten beginnen zu welken

FRUCHTREIFE

[Stadium 79]
Früchte mit maximaler Größe,
noch nicht verfärbt

[Stadium 85]
Ca. 50 % der Früchte reif

ABSTERBEN Die Blätter der Eiche werden im Herbst braun, können jedoch am Baum verbleiben und erst im Frühling, mit Wiederaufnahme des Wachstums, abfallen. Die Art reagiert besonders empfindlich auf verschiedene Schädlinge, die eine frühzeitige Alterung verursachen. Dieser Parasitenbefall muss vermerkt werden.

[Stadium 90]
Die Blätter beginnen, sich zu
verfärben oder abzufallen

[Stadium 91]
Ca. 10 % der Blätter verfärbt
oder abgefallen

[Stadium 95]
Ca. 50 % der Blätter verfärbt
oder abgefallen

PHÄNOLOGISCHER KALENDER

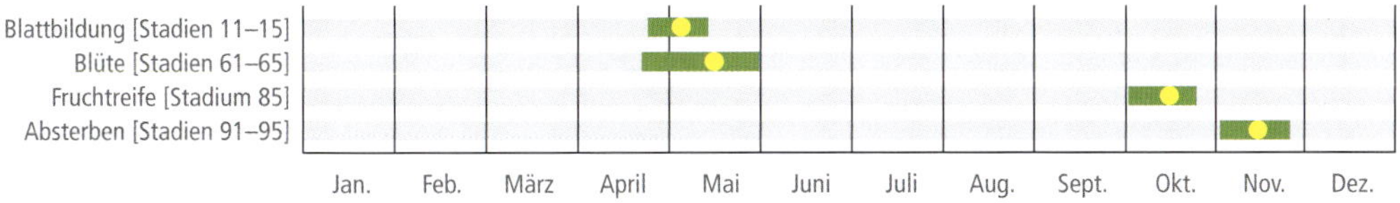

Trauben-Eiche

Woran lassen sich Stiel-Eiche und Trauben-Eiche sicher unterscheiden?

Die Trauben-Eiche und die Stiel-Eiche sind beide große Bäume, die bis zu 35 m hoch werden können. In jungen Jahren ist die Rinde glatt und grau; mit dem Alter wird sie bei der Trauben-Eiche rissig, bei der Stiel-Eiche wird sie sehr dick und bekommt ebenfalls Risse. Die Zweige der Stiel-Eiche sind in der Regel dick, gedreht und sehr ausgebreitet, während jene der Trauben-Eiche meist recht dünn, wenig gedreht und aufrecht sind. Die Unterscheidung der beiden Arten ist nicht immer leicht (deshalb hat man sie lange Zeit verwechselt). Für eine sichere Identifizierung muss man immer mehrere morphologische Merkmale nutzen (allgemeiner Wuchs, Rinde, Blattmorphologie, Behaarung, Länge der Blütenstiele usw.).

Woran lassen sich Trauben-Eiche und Flaum-Eiche sicher unterscheiden?

Die Fruchtstiele sind bei beiden Arten kurz, hier besteht Verwechslungsgefahr. Es ist also wichtig, bei den jungen Zweigen der Flaum-Eiche zu überprüfen, ob sie dicht flaumig behaart sind.

Phänologische Entwicklungsstadien

Siehe Steckbrief der Stiel-Eiche, S. 210–213.

PHÄNOLOGISCHER KALENDER

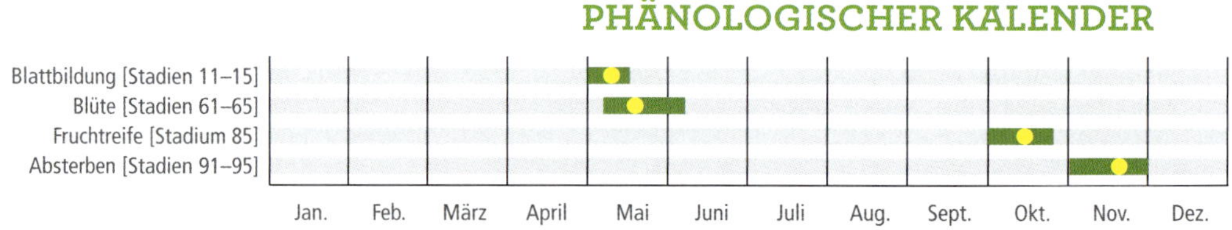

Quercus petraea Liebl. L. / Fagaceae

Bestimmungsmerkmale

WEIBLICHE BLÜTEN
Winzig, rötlich grün, in Gruppen (von 2–5), ohne Blütenstandsstiel oder kurz gestielt an der Basis der im aktuellen Jahr gebildeten Blätter.

MÄNNLICHE BLÜTEN
Lange, hängende Kätzchen, sie erscheinen zur gleichen Zeit wie die Blätter an der Basis der Jahrestriebe.

FRÜCHTE
Die Eicheln werden von einem Fruchtbecher getragen und hängen ohne Blütenstandsstiel direkt am Zweig oder sind kurz gestielt (in der Regel bis 1 cm).

KNOSPEN
Braun, oval, spitz, mit leicht behaarten Schuppen.

BLÄTTER
Wechselständig, mit 10–15 rundlichen Lappen. Blattstiele relativ lang und gut sichtbar (meist >2 cm). Der Rand an der Blattbasis ist flach (kein Öhrchen wie bei der Stiel-Eiche). Blatt in der Regel in der Mitte am breitesten.

Flaum-Eiche

Was macht sie interessant?

Die Flaum-Eiche ist gemeinsam mit der Stein-Eiche der wichtigste Laubbaum in mediterranen Wäldern. In Mitteleuropa selten.

Ökologie

Das Verbreitungsgebiet der Flaum-Eiche entspricht in Teilen jenen der anderen Eichen, mit denen sie leicht hybridisiert (Trauben-Eiche, Pyrenäen-Eiche, Portugiesische Eiche, Ungarische Eiche). Man findet sie vor allem im südlichen Europa, nach Osten bis nach Kleinasien und in den Kaukasus. In der mediterranen Region wächst sie auf Hügeln und niedrigen Bergen in Höhen bis zu 1200–1300 m auf verschiedenen Böden. Sie ist eine Lichtbaumart, resistent gegen Kälte, benötigt Wärme, ist aber weniger angepasst an Trockenheit als die Stein-Eiche.

Phänologische Entwicklungsstadien

Siehe Steckbrief der Stiel-Eiche, S. 210–213.

PHÄNOLOGISCHER KALENDER

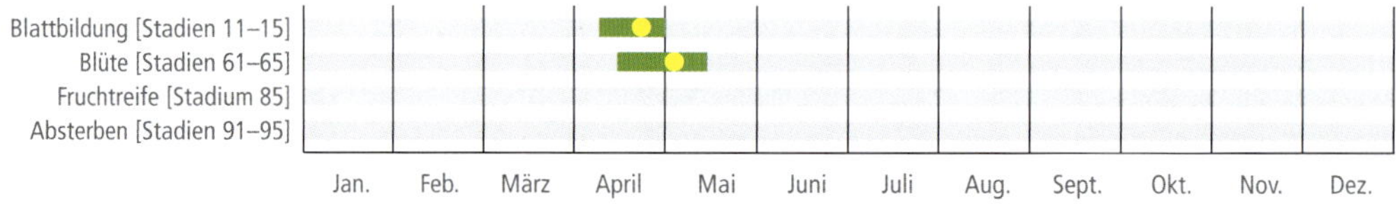

Bestimmungsmerkmale

Sie hat häufig einen krummen Stamm, Höhe meist 10–15 m (sehr selten 20–25 m).

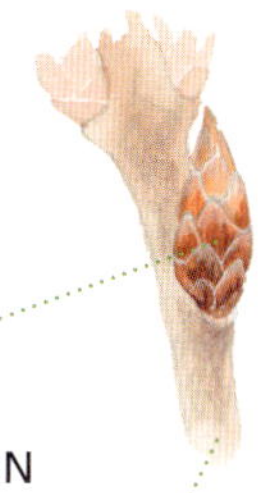

FRÜCHTE
Die Eicheln sind klein, werden von einem Fruchtbecher mit behaarten Schuppen getragen und sitzen am Zweig an einem kurzen Blütenstandsstiel.

WEIBLICHE BLÜTEN
Winzig, rötlich grün, in Gruppen (2–5), ohne oder nur mit einem sehr kurzen Blütenstandsstiel an der Basis der im aktuellen Jahr gebildeten Blätter.

MÄNNLICHE BLÜTEN
Lange, hängende Kätzchen, an der Basis der Jahrestriebe, treten zur gleichen Zeit auf wie die Blätter.

KNOSPEN
Braun, oval, spitz, behaart.

BLÄTTER
Wechselständig, gelappt mit 10–15 rundlichen Lappen. Blattstiele relativ lang und gut sichtbar (meist >1 oder 2 cm). Blätter bei Reife unterseits filzig behaart (besonders im Bereich der Blattadern), im jungen Zustand manchmal auch oberseits leicht behaart. Bei manchen Bäumen bleiben die Blätter teilweise über den Winter am Baum.

ZWEIGE
Die diesjährigen Zweige sind mit weißlichen Haaren bedeckt, die gut sichtbar sind.

Robinie

Was macht sie interessant?

Die Robinie, auch als Scheinakazie, Falsche Akazie oder Silberregen bekannt, ist eine weit verbreitete Art. Ihre nektarreichen Blüten sind eine Bienenweide.

Ökologie

Die Robinie stammt aus dem Südosten Nordamerikas, der königliche Gärtner Jean Robin brachte sie 1601 nach Frankreich. Heute ist sie in vielen Ländern Europas vor allem als Zierbaum verbreitet (es gibt zahlreiche Gartensorten). Die Blüten sind attraktiv und werden von Bienen angeflogen. Das Holz ist von wirtschaftlichem Interesse, da es nicht so schnell verfault. Zudem lassen sich nährstoffarme Böden mit Robinien verbessern, da sie mithilfe von Bakterien den Luftstickstoff fixieren.

Die Robinie ist ein winterharter Pionierbaum, wächst auf allen Bodentypen, ob sauer oder kalkhaltig, trocken oder feucht. Sie bildet leicht Wurzeltriebe und wird schnell invasiv.

Blüte der Robinie

Robinia pseudoacacia L. / Fabaceae

Bestimmungsmerkmale

Der Baum hat meist einen recht kurzen Stamm, kann aber dennoch 25 m Höhe erreichen. Seine Krone ist licht, die Zweige sind gewunden.

ZWEIGE
Junge Zweige rötlich braun, mit paarweise angeordneten, stark stechenden, dreieckigen, seitlich abgeflachten Dornen.

KNOSPEN
Winzig, sitzen zwischen zwei Dornen.

BLÄTTER
Gefiedert, mit 3–10 Paaren von gegenständigen Fiederblättchen. Blättchen oval, weich, am Rand glatt, meist hellgrün.

BLÜTEN
Zwittrig, weiß, stark duftend, in hängenden Trauben. Sie gleichen den Blüten von Bohnen oder Erbsen.

FRÜCHTE
Lange, flache, bohnenförmige Schoten, in eine kleine Spitze in Form eines Kommas auslaufend, violettbraun, in Trauben am Zweig.

Robinie

Phänologische Entwicklungsstadien

BLATTBILDUNG

[Stadium 00]
Ruhende Knospen

[Stadium 07]
Aufbrechende Knospen

[Stadium 09]
Blattspitzen herausgeschoben

[Stadium 11]
Ca. 10 % der Blätter entfaltet

[Stadium 15]
Ca. 50 % der Blätter entfaltet

BLÜTENBILDUNG UND BLÜTE Die Blüte beginnt lange nach der Entwicklung der Blätter.

[Stadium 55]
Blüten sichtbar, nicht aufgeblüht

[Stadium 61]
Ca. 10 % der Blüten aufgeblüht

[Stadium 65]
Ca. 50 % der Blüten aufgeblüht

[Stadium 69]
Die Blüten beginnen zu welken

FRUCHTREIFE

[Stadium 79]
Früchte mit maximaler Größe, noch nicht verfärbt

[Stadium 85]
Ca. 50 % der Früchte reif

ABSTERBEN

[Stadium 90]
Die Blätter beginnen, sich zu verfärben oder abzufallen

[Stadium 91]
Ca. 10 % der Blätter verfärbt oder abgefallen

[Stadium 95]
Ca. 50 % der Blätter verfärbt oder abgefallen

PHÄNOLOGISCHER KALENDER

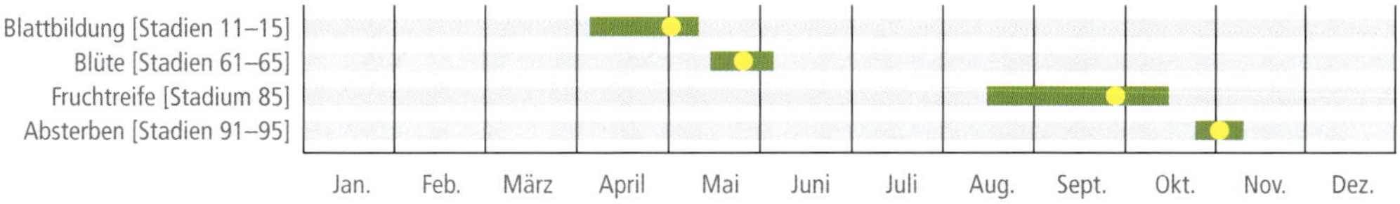

WEIDEN

Weiden sind Bäume, Sträucher und Halbsträucher der Gattung *Salix* aus der Familie der Salicaceae. Die Gattung enthält nahezu 400 Arten, die auf der ganzen Welt verbreitet sind. Sie sind laubabwerfend, die Blätter sind meist oval oder länglich. Gemeinsam mit Birken besiedeln Weiden als Pionierpflanzen Brachen, entwaldete Flächen oder andere offene Bereiche. Sie sind Lichtarten mit einem schnellen Wachstum. Allerdings sind Weiden anspruchsvoll in Bezug auf Wasser und finden sich daher häufig in frischen bis feuchten Gebieten der gemäßigten bis kalten Zonen. Weiden wurden auch als Zierbäume kultiviert, besonders die Trauer-Weide, die in Parkanlagen und Gärten häufig zu finden ist.

Die Weiden wurden ausgewählt, weil sie in vielen Regionen Mitteleuropas vertreten und leicht zu beobachten sind. Die Blüte gegen Ende des Winters bzw. zu Beginn des Frühjahrs ist sehr charakteristisch.

Sal-Weide

Was macht sie interessant?

Die Sal-Weide ist eine weit verbreitete Art, sie wächst vor allem an Wald- und Wegrändern und auf aufgelassenen Kulturflächen. Sie blüht sehr früh im Jahr.

Ökologie

Die Sal-Weide ist in ganz Europa weit verbreitet, im Osten reicht ihr Verbreitungsgebiet bis nach Sibirien und China. Im mediterranen Klima ist sie jedoch weniger präsent. Die Sal-Weide wächst auf verschiedenen Böden (außer auf sehr sauren) und toleriert anders als die meisten anderen Weiden-Arten Trockenheit bis zu einem gewissen Grad. Sie ist eine Pionierart, die man sowohl im Wald als auch auf offenen Standorten findet (Waldränder, Lichtungen, Hecken).

Blattknospen der Sal-Weide

Bestimmungsmerkmale

Sie ist ein Strauch von 5–10 m Höhe mit einem kurzen Stamm, häufig wächst sie auch mehrstämmig. Ihre Krone wirkt trotz der vielen feinen, aufrechten Zweige licht. Die Rinde ist zunächst glatt und grünlich. Später wird sie gräulich und bekommt rautenförmige Risse, danach springt sie netzförmig auf. Besonders an feuchten Standorten wird sie leicht mit anderen Weidenarten verwechselt (*Salix cinerea* L., *Salix aurita* L.).

Sal-Weide

Phänologische Entwicklungsstadien

BLATTBILDUNG

[Stadium 00]
Ruhende Knospen

[Stadium 07]
Aufbrechende Knospen

[Stadium 09]
Blattspitzen herausgeschoben

[Stadium 11]
Ca. 10 % der Blätter entfaltet

[Stadium 15]
Ca. 50 % der Blätter entfaltet

BLÜTENBILDUNG UND BLÜTE Die Blüten erscheinen vor den Blättern. Die Beobachtungen erfolgen an den männlichen Individuen.

[Stadium 55]
Kätzchen sichtbar, nicht aufgeblüht

[Stadium 61]
Ca. 10 % der Kätzchen aufgeblüht

[Stadium 65]
Ca. 50 % der Kätzchen aufgeblüht

[Stadium 69]
Die Blüten beginnen zu welken

Salix caprea L. / Salicaceae

FRUCHTREIFE Die Reifung findet bereits im Frühling statt.

[Stadium 79]
Früchte mit maximaler Größe, noch nicht verfärbt

[Stadium 85]
Ca. 50 % der Früchte reif

ABSTERBEN

[Stadium 90]
Die Blätter beginnen, sich zu verfärben oder abzufallen

[Stadium 91]
Ca. 10 % der Blätter verfärbt oder abgefallen

[Stadium 95]
Ca. 50 % der Blätter verfärbt oder abgefallen

PHÄNOLOGISCHER KALENDER

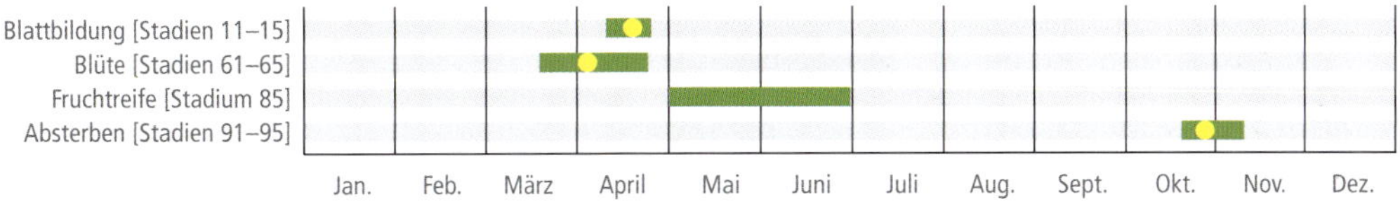

Goldene Trauer-Weide

Was macht sie interessant?

Die goldene Trauer-Weide steht häufig in Parkanlagen, Gärten und am Rand von Wasserläufen. Ihre hängende Wuchsform macht sie zu einer besonderen Attraktion.

Ökologie

Die Goldene Trauer-Weide wächst schnell und bildet mit ihren lang herabhängenden goldgelben Zweigen sogar im Winter einen Blickfang. In Parkanlagen und Gärten ist sie daher zurzeit die am häufigsten angepflanzte Trauer-Weide. Sie ist eine Hybride zwischen der Echten Trauer-Weide (*Salix babylonica* L.), die aus China stammt, und der heimischen Silber-Weide (*Salix alba* L). Man findet hauptsächlich männliche Individuen.

Wie alle schmalblättrigen Weiden ist sie charakteristisch für feuchte Standorte (Bachufer, Seeufer usw.) und nährstoffreiche Böden. Sie erträgt keine Konkurrenz, denn sie benötigt viel Licht, um sich zu entwickeln.

Männliche Blüten der Trauer-Weide

Trauer-Weide

Phänologische Entwicklungsstadien

Siehe Steckbrief der Sal-Weide, S. 222–225.

PHÄNOLOGISCHER KALENDER

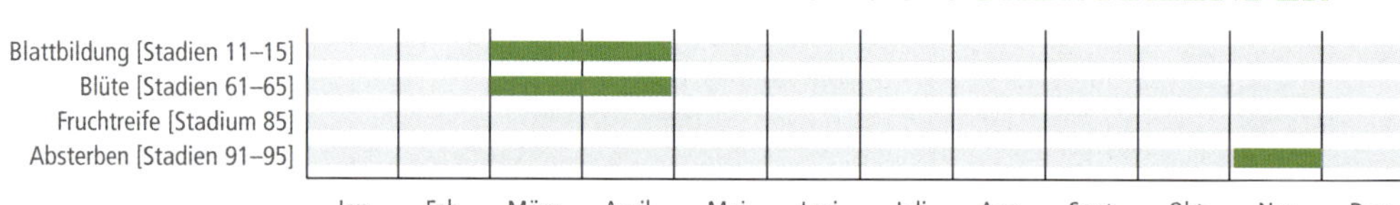

Bestimmungsmerkmale

Sie ist ein 10–20 m hoher Baum mit sehr charakteristischer Wuchsform: Die langen, sehr flexiblen, lianenartigen Zweige hängen fast bis zum Boden herab, weshalb man sie Trauer-Weide nennt. Junge Bäume können mit anderen schmalblättrigen Weiden verwechselt werden (*Salix viminalis* L., *Salix alba* L., *Salix elaeagnos* Scop.).

Schwarzer Holunder

Was macht ihn interessant?

Der Schwarze Holunder ist ein weit verbreiteter Strauch in Hecken und an Waldrändern mit attraktiven weißen Blüten. Er wächst auf nährstoffreichen, feuchten Böden.

Ökologie

Die Art ist in ganz Europa weit verbreitet, man findet sie von Nordafrika bis Südskandinavien. Der Schwarze Holunder braucht viel Licht, daher wächst er in Hecken, an Waldrändern und auf Lichtungen. Da er feuchte Böden benötigt, findet man ihn häufig am Gewässerufer und in Talsenken. Auch in Siedlungsnähe, etwa auf Flächen mit hohem Stickstoffeintrag, ist er anzutreffen.

Er kann mit dem Roten Holunder (*Sambucus racemosa* L.) verwechselt werden, der allerdings rote Beeren bildet und vor allem im Hügelland oder in den Bergen vorkommt, oder mit dem Zwerg-Holunder (*Sambucus ebulus* L.), einer giftigen, krautigen Pflanze, die an Wegrändern und Böschungen wächst.

Beginnende Blüte des Schwarzen Holunders

Bestimmungsmerkmale

Er ist ein 2–6 m hoher Strauch, selten ein Baum (höchstens 10 m) mit krummem Stamm und großen Schirmrispen. Die Rinde ist zunächst dünn und grau, später wird sie schuppiger und rissiger.

BLÜTEN
Zwittrig, 5 weiße Kronblätter und 5 Staubblätter, duften stark, in 10–15 cm großen Schirmrispen am Ende des Triebes.

ZWEIGE
Gräulich mit vielen kleinen Korkporen, im Inneren mit weichem, weißem Mark gefüllt.

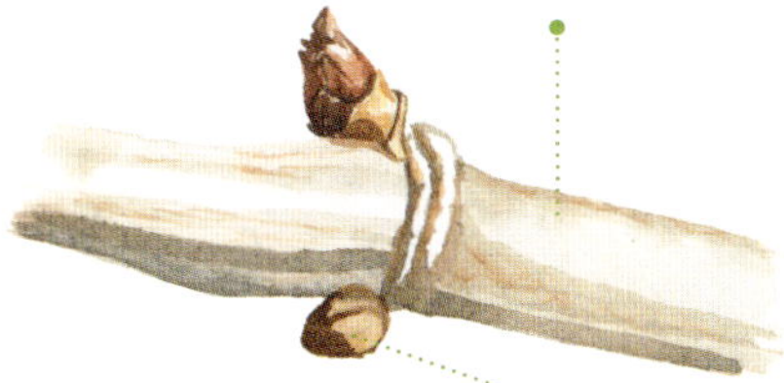

FRÜCHTE
Klein, fleischig, kugelig und schwarz (Holunderbeeren), sie hängen in Rispen am Ende der Triebe, mit rötlichen Stielen.

BLÄTTER
Gegenständig, gefiedert, 5 Fiederblättchen (seltener 7), lanzenförmig, gesägt, mit kurzem Stiel. Unterseite leicht flaumig behaart.

KNOSPEN
Braun, oval, mit nur 2–4 Schuppen.

Schwarzer Holunder

Phänologische Entwicklungsstadien

BLATTBILDUNG

[Stadium 00]
Ruhende Knospen

[Stadium 07]
Aufbrechende Knospen

[Stadium 09]
Blattspitzen herausgeschoben

[Stadium 11]
Ca. 10 % der Blätter entfaltet

[Stadium 15]
Ca. 50 % der Blätter entfaltet

BLÜTENBILDUNG UND BLÜTE Die Blüte erscheint nach der Blattbildung.

[Stadium 55]
Blüten sichtbar, nicht aufgeblüht

[Stadium 61]
Ca. 10 % der Blüten aufgeblüht

[Stadium 65]
Ca. 50 % der Blüten aufgeblüht

[Stadium 69]
Die Blüten beginnen zu welken

Sambucus nigra L. / Adoxaceae

FRUCHTREIFE

[Stadium 79]
Früchte mit maximaler Größe, noch nicht verfärbt

[Stadium 85]
Ca. 50 % der Früchte reif

ABSTERBEN

[Stadium 90]
Blätter beginnen, sich zu verfärben oder abzufallen

[Stadium 91]
Ca. 10 % der Blätter verfärbt oder abgefallen

[Stadium 95]
Ca. 50 % der Blätter verfärbt oder abgefallen

PHÄNOLOGISCHER KALENDER

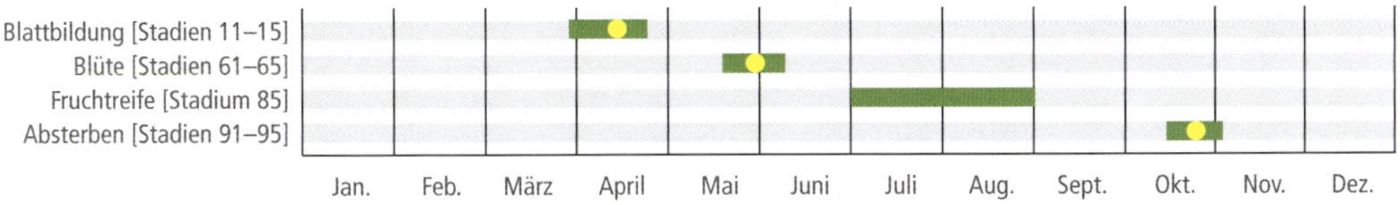

Gewöhnliche Mehlbeere

Was macht sie interessant?

Die Gewöhnliche Mehlbeere hält Trockenheit und höheren Temperaturen gut stand. Trotz ihrer Kältetoleranz reagiert sie ziemlich sensibel auf Frühlingsfröste.

Ökologie

Die Gewöhnliche Mehlbeere wächst in allen Gebirgs- und Hügelregionen in der südlichen Hälfte Zentraleuropas von der Iberischen Halbinsel und Süditalien nach Osten bis zum Balkan und zu den Karpaten. In den Alpen wächst sie auf bis zu 1600 m Höhe, aber im Schweizer Wallis wird sie noch auf 2155 m gesichtet. Sie wächst auf flachgründigen und trockenen Kalkböden der Tiefebene und auf den heißesten kalkhaltigen oder sauren Berghängen. Die Gewöhnliche Mehlbeere bildet nie Reinbestände. Sie ist häufig verbreitet in Buchen-Eichen-Wäldern, trockenen Lindenwäldern oder Flaum-Eichenwäldern. Auch findet man relativ isolierte Bäume in den Hochweiden. Vor allem ihr sehr hoher Lichtbedarf bestimmt ihren Standort. Die starke Behaarung der Blattunterseiten begrenzt die Transpiration und ermöglicht es ihr so, der Trockenheit besser zu widerstehen. Die Gattung *Sorbus* ist ziemlich komplex, da sie sich aus reinen Arten sowie Hybriden mit sehr verschiedenen morphologischen und ökologischen Merkmalen zusammensetzt.

Herbstliche Blattfärbung der Gewöhnlichen Mehlbeere

Sorbus aria L. Crantz / Rosaceae

Bestimmungsmerkmale

Die Gewöhnliche Mehlbeere ist ein kleiner Baum, der langsam wächst und eine Höhe von 20 m erreichen kann. Er neigt zum Stockausschlag und zeigt sich häufig als mehrstämmiger Strauch. Auf der rötlich braunen Rinde sind die rautenförmigen Korkwarzen gut sichtbar, besonders bei jungen Pflanzen (wie bei der Elsbeere). Die Gewöhnliche Mehlbeere ist meist leicht in der Landschaft zu erkennen dank der silbrigen Unterseite ihrer großen Blätter, ihrer verschwenderischen Frühlingsblüte und ihrer roten Früchte im Herbst.

BLÄTTER
Wechselständig, oval, ungeteilt*, Blattrand ungleichmäßig gesägt, grün und glänzend auf der Oberseite, weiß und mit weißen Haaren bedeckt auf der Unterseite (filzig behaarte Blätter). Der Blattstiel ist meist höchstens 15 mm lang.

BLÜTEN
Sie sind zwittrig, tragen 5 weiße Kronblätter und sind in Sträußen angeordnet

FRÜCHTE
Ovale Beeren (Mehlbeeren), bei Reife rot.

KNOSPEN
Dick, konisch, spitz zulaufend, mit grünen Schuppen, die mit weißen Haaren gesäumt sind, leicht klebrig, wechselständig. Die Endknospe ist dicker als die Seitenknospen.

ZWEIGE
Die jungen Zweige sind rötlich braun mit Korkwarzen; zunächst leicht behaart, später werden sie kahl.

* Falls die Blätter zusätzlich zu diesen Merkmalen leicht gelappt sind, kann es sich um die Vogesen-Mehlbeere (*Sorbus mougeotii*) handeln, eine Hybride von Gewöhnlicher Mehlbeere und Vogelbeere (*Sorbus aucuparia*).

Gewöhnliche Mehlbeere

Phänologische Entwicklungsstadien

BLATTBILDUNG

[Stadium 00]
Ruhende Knospe

[Stadium 07]
Knospe bricht auf

[Stadium 09]
Blattspitzen herausgeschoben

[Stadium 11]
Ca. 10 % der Blätter entfaltet

[Stadium 15]
Ca. 50 % der Blätter entfaltet

BLÜTENBILDUNG UND BLÜTE

[Stadium 55]
Blüten sichtbar, nicht aufgeblüht

[Stadium 61]
Ca. 10 % der Blüten aufgeblüht

[Stadium 65]
Ca. 50 % der Blüten aufgeblüht

[Stadium 69]
Blüten beginnen zu welken

Sorbus aria L. Crantz / Rosaceae

FRUCHTREIFE

[Stadium 79]
Früchte mit maximaler Größe, noch nicht verfärbt

[Stadium 85]
Ca. 50 % der Früchte reif

ABSTERBEN

[Stadium 90]
Blätter verfärben sich oder beginnen abzufallen

[Stadium 91]
Ca. 10 % der Blätter verfärbt oder abgefallen

[Stadium 95]
Ca. 50 % der Blätter verfärbt oder abgefallen

PHÄNOLOGISCHER KALENDER

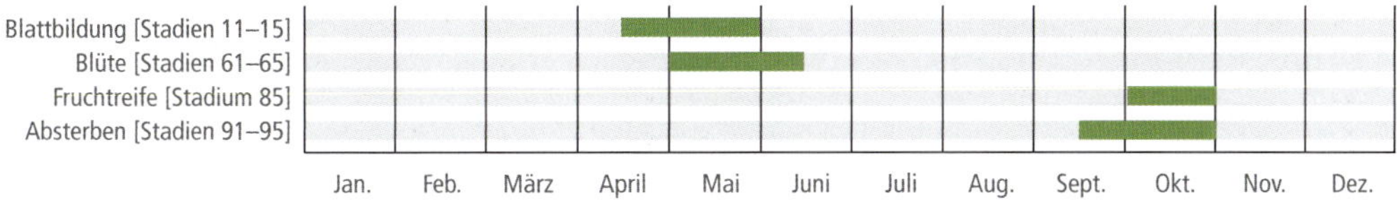

Vogelbeere/Eberesche

Was macht sie interessant?

Die Vogelbeere oder Eberesche ist ein kleiner Baum, der im Gebirge weit verbreitet ist. Seine Früchte dienen Vögeln als Nahrung. Mit seinen weißen Blüten, den roten Früchten und dem attraktiven Herbstlaub wird er in Gärten und Parks häufig als Zierbaum gepflanzt.

Ökologie

Der kleine Baum ist von Nordspanien bis Nordskandinavien weit verbreitet, in wärmeren und trockeneren Regionen Südeuropas ist er jedoch selten oder fehlt ganz. Er ist eine Pionierart und benötigt viel Licht. Reinbestände bildet er nie. Man kann ihn leicht mit dem Speierling verwechseln, dessen Fiederblättchen allerdings im unteren Drittel nicht gesägt sind. Der Vogelbeerbaum bildet mit der Vogesen-Mehlbeere (*Sorbus mougeotii* Soy.-Will. & Godr.) Hybriden.

Blüte des Vogelbeerbaums

Sorbus aucuparia L. / Rosaceae

Bestimmungsmerkmale

Er ist ein kleiner, bis 10 m hoher Baum (höchstens 15 m) mit einem kurzen Stamm, der leicht Stockausschläge bildet. Seine Krone ist relativ breit und licht.

BLÜTEN
Zwittrig, sitzen am Ende der Triebe in Schirmrispen zusammen. Blüten klein (<2 cm), weiß, mit 5 Kronblättern und 3 Griffeln, stark duftend.

FRÜCHTE
Fleischig, rund, 5–10 mm, korallenrot mit gelb-orangefarbenem Fruchtfleisch (Vogelbeeren), enthalten 3 Samen.

KNOSPEN
Dick (8–10 mm), schwärzlich braun, spindelförmig. Knospenschuppen zunächst stark behaart, später nahezu kahl. Seitenknospen gewölbt, liegen dem Zweig an.

BLÄTTER
Wechselständig, zusammengesetzt mit 13–17 Fiederblättern, meist rundherum grob gesägt. Blättchen länglich (2–3 cm breit und 6–8 cm lang), Unterseite zunächst leicht behaart, später kahl.

ZWEIGE
Junge Zweige im Licht schwarzgrau, im Schatten violettbraun bis ockerfarben, glatt und glänzend; die Blattnarben sind gut sichtbar. Die Zweige verströmen beim Brechen einen unangenehmen Geruch.

Vogelbeere/Eberesche

Phänologische Entwicklungsstadien

Betrifft die Beobachtungen eine Gartensorte, sollte dies notiert werden.

BLATTBILDUNG

[Stadium 00]
Ruhende Knospen

[Stadium 07]
Aufbrechende Knospen

[Stadium 09]
Blattspitzen herausgeschoben

[Stadium 11]
Ca. 10 % der Blätter entfaltet

[Stadium 15]
Ca. 50 % der Blätter entfaltet

BLÜTENBILDUNG UND BLÜTE

[Stadium 55]
Blüten sichtbar, nicht aufgeblüht

[Stadium 61]
Ca. 10 % der Blüten aufgeblüht

[Stadium 65]
Ca. 50 % der Blüten aufgeblüht

[Stadium 69]
Die Blüten beginnen zu welken

Sorbus aucuparia L. / Rosaceae

FRUCHTREIFE Die Fruchtreife findet relativ spät statt, reife Früchte (rot) und seneszente Blätter sind gleichzeitig vorhanden.

[Stadium 79]
Früchte mit maximaler Größe, noch nicht verfärbt

[Stadium 85]
Ca. 50 % der Früchte reif

ABSTERBEN

[Stadium 90]
Die Blätter beginnen, sich zu verfärben oder abzufallen

[Stadium 91]
Ca. 10 % der Blätter verfärbt oder abgefallen

[Stadium 95]
Ca. 50 % der Blätter verfärbt oder abgefallen

PHÄNOLOGISCHER KALENDER

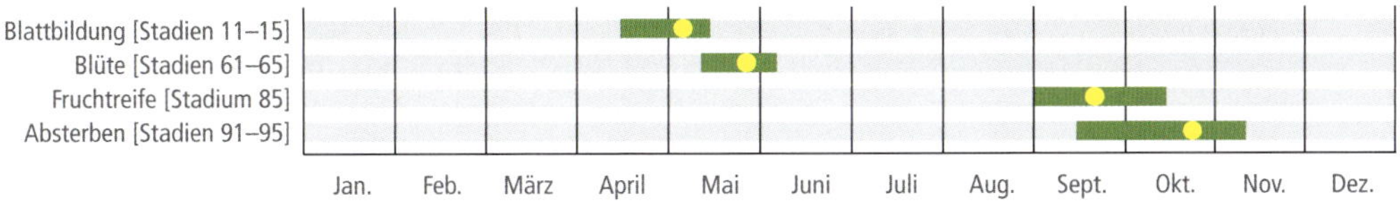

Speierling

Was macht ihn interessant?

Diese Art ist in Wäldern und Hecken verbreitet und wird von Förstern wegen der Qualität ihres Holzes geschätzt. Die Früchte wurden lange Zeit für die menschliche Ernährung genutzt, auch vielen Säugetieren und Vögeln dienen sie als Nahrung.

Ökologie

Das Verbreitungsgebiet des Speierlings liegt in der milden oder gar warmen Klimazone Mittel- bis Südeuropas. Heute ist es schwer zu sagen, wo die natürlichen Verbreitungsgrenzen liegen, denn die Art wurde seit der Römerzeit wegen ihrer Früchte kultiviert.

Der Speierling ist eine Lichtbaumart, die keine Konkurrenz verträgt. Man findet ihn demnach meist in lichten Wäldern und Hecken. Die Früchte werden nur noch selten geerntet, daher wird der Speierling heute selten gepflanzt und ist in vielen Regionen Europas nur noch selten zu finden.

Fruchtbildung beim Speierling

Bestimmungsmerkmale

Der Speierling ist ein kurzstämmiger Baum, der 12–20 m hoch wird. Die Rinde ist sehr dunkel bis schwärzlich und setzt sich aus kleinen, dicken und quadratischen Schuppen zusammen. Die Krone ist rund und dicht.

BLÄTTER

Blätter wechselständig, aus 11–17 Blättchen zusammengesetzt, Fiederblätter länglich (2–3 cm breit und 6–8 cm lang), zunächst auf der Unterseite stark behaart, später kahl. Rand der Blättchen meist im unteren Drittel nicht gesägt, sonst grob gezähnt.

BLÜTEN

Die Blüten erscheinen nach den Blättern an den Zweigenden. Schirmrispen mit kleinen, weißen Blüten (<2 cm) mit 5 Kronblättern und 3 Griffeln, zwittrig.

FRÜCHTE

Fleischig, birnenförmig, 2–4 cm lang, gelblich braun, färben sich manchmal in Teilen braun oder rot, mit großen Kernen.

KNOSPEN

Dick (8–10 mm), grünlich bis rötlich braun, kahl, klebrig, liegen nicht am Zweig an.

Speierling

Phänologische Entwicklungsstadien

BLATTBILDUNG

[Stadium 00]
Ruhende Knospen

[Stadium 07]
Aufbrechende Knospen

[Stadium 09]
Blattspitzen herausgeschoben

[Stadium 11]
Ca. 10 % der Blätter entfaltet

[Stadium 15]
Ca. 50 % der Blätter entfaltet

BLÜTENBILDUNG UND BLÜTE

[Stadium 55]
Blüten sichtbar, nicht aufgeblüht

[Stadium 61]
Ca. 10 % der Blüten aufgeblüht

[Stadium 65]
Ca. 50 % der Blüten aufgeblüht

[Stadium 69]
Die Blüten beginnen zu welken

Sorbus domestica L. / Rosaceae

FRUCHTREIFE

[Stadium 79]
Früchte mit maximaler Größe, noch nicht verfärbt

[Stadium 85]
Ca. 50 % der Früchte reif

ABSTERBEN Die beginnende Verfärbung, die hier gezeigt wird, zeigt rötliche Töne. Achtung, man kann auch eine beginnende gelbliche Verfärbung beobachten.

[Stadium 90]
Die Blätter beginnen, sich zu verfärben oder abzufallen

[Stadium 91]
Ca. 10 % der Blätter verfärbt oder abgefallen

[Stadium 95]
Ca. 50 % der Blätter verfärbt oder abgefallen

PHÄNOLOGISCHER KALENDER

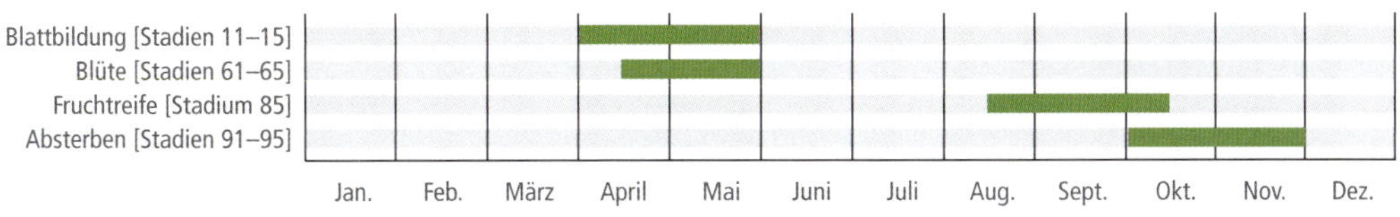

Elsbeere

Was macht sie interessant?

Diese Art ist im gesamten Gebiet verbreitet und wird von den Förstern wegen der Qualität ihres Holzes geschätzt. Ihre Früchte bieten Nahrung für viele Vögel und Säugetiere.

Ökologie

Auch wenn sie recht frosttolerant ist, wird die Elsbeere eher als eine wärmeliebende Art angesehen. Im Gegensatz zur Gewöhnlichen Mehlbeere kommt sie in Gebirgsregionen über 1000 m quasi nicht vor (nur in mediterranen Regionen), auch im Norden Europas (Norwegen, Schweden, Finnland) fehlt sie. Überraschenderweise ist sie auf Korsika selten. Die Elsbeere toleriert verschiedene Bodenbedingungen und scheint sehr tolerant gegenüber der Wasserverfügbarkeit zu sein. Diese große Variabilität lässt die Existenz mehrerer Ökotypen, d. h. Untergruppen der Art, vermuten. Die Elsbeere toleriert strenge Winter und reagiert kaum sensibel auf späte Fröste.

Phänologische Entwicklungsstadien

Siehe Steckbrief der Gewöhnlichen Mehlbeere, S. 232–235.

PHÄNOLOGISCHER KALENDER

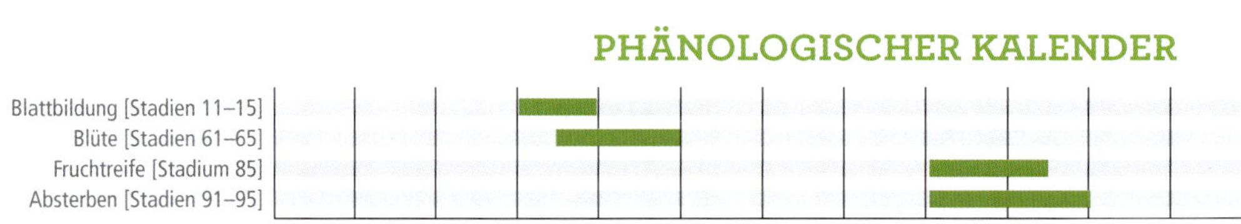

Sorbus torminalis (L.) Crantz / Rosaceae

Bestimmungsmerkmale

Die Elsbeere ist von mittlerer Größe (15–20 m). Im Gegensatz zur Gewöhnlichen Mehlbeere besitzt sie meist einen einzelnen Stamm. Die Rinde ist mit rautenförmigen Korkwarzen besetzt (wie bei der Gewöhnlichen Mehlbeere), später mit dem Alter werden sie schuppenartig und sehr dunkel.

Die Farbe und Form der Blätter ermöglichen es, Elsbeere und Mehlbeere leicht zu unterscheiden. Es existieren jedoch Hybriden, deren Blattmerkmale zwischen beiden Arten liegen (geteilte Blätter wie beim Elsbeerbaum und auf der Unterseite filzig wie beim Mehlbeerbaum). Eine dieser Hybriden ist die Breitblättrige Mehlbeere (*Sorbus latifolia* [Lam.] Pers.), eine seltene Form, die im Pariser Becken endemisch und in Frankreich geschützt ist, oder *Sorbus × decipiens*, die im oberbayrischen Seenland vorkommt.

Gewöhnlicher Flieder

Was macht ihn interessant?

Der Gewöhnliche Flieder, auch Garten-Flieder genannt, wächst in Parkanlagen und Gärten. Im Frühjahr punktet er mit verschwenderischer, duftender Blüte. Er ist eine der internationalen Referenzarten für die Phänologie und die Erforschung des Klimawandels.

Ökologie

Der Gewöhnliche Flieder stammt aus Rumänien, Bulgarien und Serbien. Im 16. Jahrhundert wurde er nach Westeuropa eingeführt, um 1563 zunächst nach Wien, dann um 1575 nach Paris. Die Pflanzen waren ein Geschenk von Sultan Süleyman II. (genannt der Prächtige) an Ogier Ghislain de Busbecq. Gegen Ende des 19. Jahrhunderts wurden weitere Fliederarten (es gibt mehr als 20 Arten) aus China, Korea, Japan und Tibet eingeführt, seither sind Hunderte Hybriden und Sorten gezüchtet worden. Der Gewöhnliche Flieder wächst häufig in Gärten und Parkanlagen, man findet ihn aber auch auf Brachflächen.

Die natürliche («botanische») Art wächst auf allen Bodentypen, sogar auf Kalk, entwickelt sich aber auf nährstoffreichen, gut drainierten Böden am besten. Der Gewöhnliche Flieder bevorzugt frisches Klima und sonnige Standorte, an denen er überreich blüht, aber er toleriert auch den Halbschatten.

Fliederblüte

Syringa vulgaris L. / Oleaceae

Bestimmungsmerkmale

Er ist ein 2–7 m hoher Strauch, der häufig geschnitten wird, um die Blüte zu fördern. Manche Sorten können auf Hochstamm veredelt werden. Die Art bildet Wurzelausläufer, für die Kulturvarietäten aber wurden Unterlagen gewählt, die diese Eigenschaft nicht zeigen.

BLÜTEN
Blüten zahlreich und stark duftend, einfach oder doppelt gefüllt, zwittrig und klein (6–10 mm). In vielen Farben, von weiß über malvenfarben, lila, blauviolett bis karminrosa. Die Kronblätter bilden eine Röhre, die in 4 ovalen, ausgebreiteten Lappen endet. Blütenstand eine gedrungene, kegelförmige, endständige Traube.

KNOSPEN
Kugelig, leicht eiförmig mit 8–10 großen, verschachtelten Schuppen. Im Winter zeigt sich, dass der Stängel am Ende häufig zwei gegenständige Knospen trägt.

BLÄTTER
Einfach, gegenständig und auf jeder Ebene um 90 Grad versetzt (kreuzgegenständig). Hell- bis blaugrün, dreieckig, an der Basis herzförmig und nach oben spitz zulaufend, 6–12 cm lang und 3–8 cm breit. Je nach Sorte kann die Morphologie variieren.

FRÜCHTE
Harte Kapseln, braun, mit 2 Kammern, die 2–4 geflügelte Samen freisetzen.

Gewöhnlicher Flieder

Phänologische Entwicklungsstadien

BLATTBILDUNG

[Stadium 00]
Ruhende Knospen

[Stadium 07]
Aufbrechende Knospen

[Stadium 09]
Blattspitzen herausgeschoben

[Stadium 11]
Ca. 10 % der Blätter entfaltet

[Stadium 15]
Ca. 50 % der Blätter entfaltet

BLÜTENBILDUNG UND BLÜTE Je nach Sorte erscheinen die Blüten vor oder nach den Blättern. Die Blütenbildung erstreckt sich demnach über einen längeren Zeitraum. Bestimmte Sorten blühen im September/Oktober erneut.

[Stadium 55]
Blüten sichtbar, nicht aufgeblüht

[Stadium 61]
Ca. 10 % der Blüten aufgeblüht

[Stadium 65]
Ca. 50 % der Blüten aufgeblüht

[Stadium 69]
Die Blüten beginnen zu welken

Syringa vulgaris L. / Oleaceae

FRUCHTREIFE Je nach Klima kommt es nicht zur Befruchtung. Daher ist die Fruchtreife selten zu beobachten.

[Stadium 79]
Früchte mit maximaler Größe, noch nicht verfärbt

[Stadium 85]
Ca. 50 % der Früchte reif

ABSTERBEN Die Blätter fallen oft schon im grünen Zustand ab. Daher ist es schwierig, den Prozentanteil seneszenter Blätter abzuschätzen.

[Stadium 90]
Die Blätter beginnen, sich zu verfärben oder abzufallen

[Stadium 91]
Ca. 10 % der Blätter verfärbt oder abgefallen

[Stadium 95]
Ca. 50 % der Blätter verfärbt oder abgefallen

PHÄNOLOGISCHER KALENDER

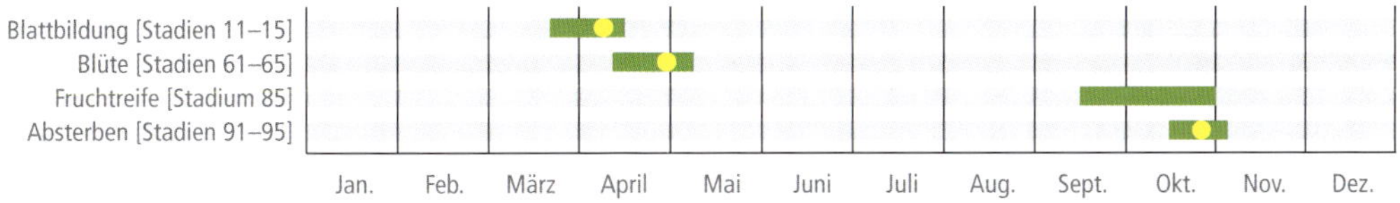

LINDEN

Linden sind Bäume und Sträucher der Gattung *Tilia* aus der Familie Malvaceae (früher Tiliaceae). Die Gattung umfasst mehrere Dutzend Arten. Bei den Zierbäumen, die in Parkanlagen und Gärten oder entlang von Straßen stehen, handelt es sich oft um gezüchtete Hybriden oder Sorten. Es sind schnell wachsende Bäume mit breiter, dichter Krone, die im Sommer als Schattenspender dienen. Sie sind laubabwerfend, die Blätter sind herzförmig mit einer markanten Blattspitze. In den europäischen Wäldern findet man vor allem die Winter- und die Sommer-Linde. Beide Arten haben unterschiedliche ökologische Ansprüche, aber vergleichbare phänologische Merkmale. Beide Bäume sind gute Bienenweiden.

Sommer-Linde

Ökologie

Winter- und Sommer-Linden haben ein ähnliches Verbreitungsgebiet, man findet sie in ganz Europa. Die beiden Arten werden häufig verwechselt. Die Winter-Linde ist allerdings häufiger anzutreffen, ihr Verbreitungsgebiet reicht weiter nach Norden und Osten. Beide Arten sind kältetolerant. Die Sommer-Linde ist ein Baum der mittleren Gebirgslagen (bis 1000 m), in den Südalpen steigt sie höher und ist dort auch an warmen und trockenen Standorten gemeinsam mit der Flaum-Eiche (*Quercus pubescens*) präsent. Beide Linden sind große Bäume, die Sommer-Linde wird 30 m, die Winter-Linde 20 m hoch. Sie bilden leicht Stockausschläge, in Wäldern findet man häufig Schösslinge.

In der Stadt und als Straßenbaum begegnet man meist der Silber-Linde (*Tilia tomentosa* Moench). Diese Art ist resistent gegen Wasserstress und Stadtverschmutzung. Sie lässt sich leicht von anderen Linden unterscheiden: Die Unterseite ihrer Blätter ist mit hellen Haaren bedeckt, was ihnen das charakteristische silberne Aussehen verleiht.

Phänologische Entwicklungsstadien

Siehe Steckbrief der Winter-Linde, S. 252–255.

Tilia platyphyllos Scop. / Malvaceae

Bestimmungsmerkmale

BLÄTTER
Wechselständig, groß (10–15 cm) und ein wenig rau, nahezu rund, oben deutlich spitz, an der Basis herzförmig (aber weniger ausgeprägt als bei der Winter-Linde), Blatt im unteren Bereich manchmal unsymmetrisch. Blattrand unregelmäßig gesägt. Beide Blattseiten grün, Unterseite behaart mit weißlichen Haarbüscheln in den Achseln der Blattadern. Blattstiele deutlich behaart.

BLÜTEN
Zwittrig, klein, mit 5 Kronblättern, gelber als die Blüten der Winter-Linde, stark duftend. Blütenstand mit langem Blütenstandsstiel und weniger als 5 Blüten, an der Basis mit langem, grünlichem Flügel, der später braun und membranartig wird.

ZWEIGE
Die Jahreszweige sind behaart und wachsen im Zickzack, rötlich.

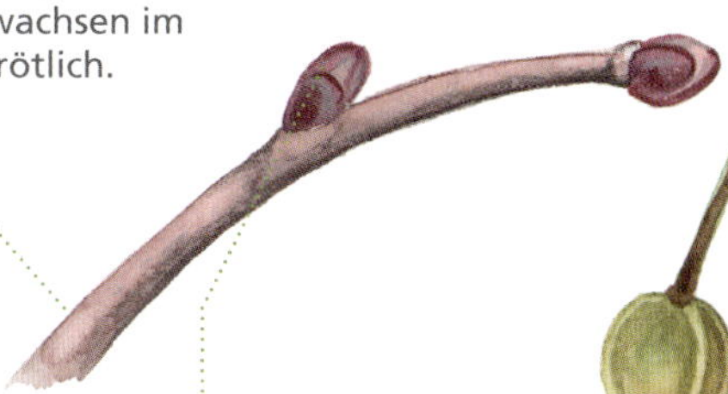

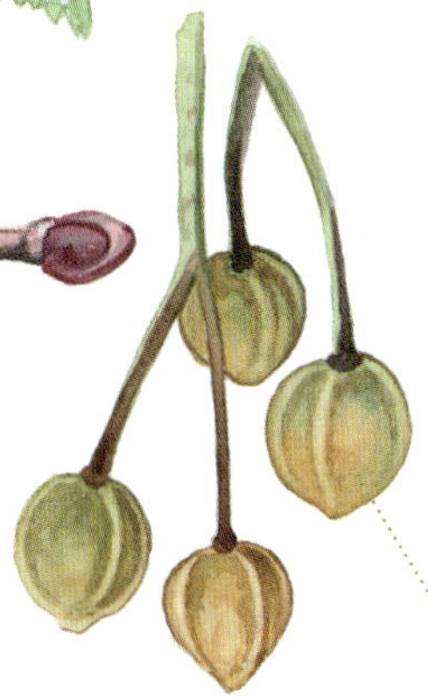

KNOSPEN
Relativ groß (6–7 mm), breit, kugelig, häufig seitlich zusammengedrückt, glänzend rot im Licht und grüngelb bis olivfarben im Schatten, man sieht 3 Schuppen.

FRÜCHTE
Klein (8–10 mm), trocken, hart, rund, häufig stark behaart, mit 5 hervorspringenden Kanten.

Winter-Linde

Ökologie

Die Winter-Linde ist eine kontinentale Art. Sie bevorzugt tiefgründige, frische bis feuchte Lehmböden, die nicht sauer und nicht kalkhaltig sind.

Lindenblüte

Bestimmungsmerkmale

KNOSPEN
Klein (4–5 mm), rund, häufig seitlich zusammengedrückt, glänzend rot im Licht und grüngelb bis olivfarben im Schatten, 2 Schuppen sind zu sehen (die eine erreicht kaum die Mitte der Knospe, die innere umschließt sie komplett).

BLÄTTER
Wechselständig, mittelgroß (5–10 cm) und rau, nahezu rund, oben deutlich spitz und an der Basis herzförmig, im unteren Bereich selten unsymmetrisch. Blattrand ist unregelmäßig gesägt, Blattunterseite eher blaugrün, behaart, mit roten bis orangefarbenen Haarbüscheln in den Achseln der Blattadern. Blattstiel kahl.

ZWEIGE
Leicht behaart, wachsen im Zickzack, rötlich.

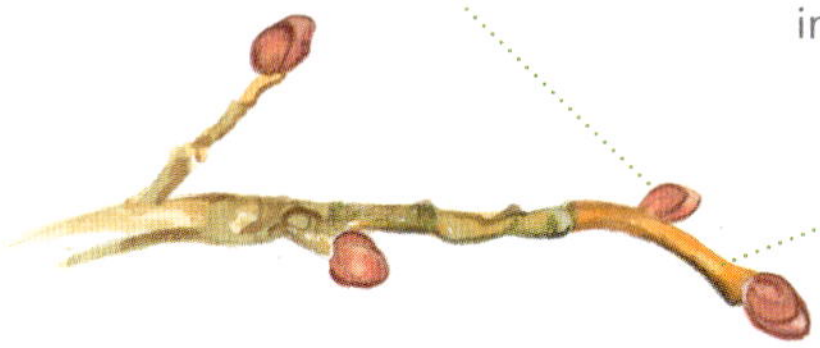

FRÜCHTE
Klein (6 mm), trocken, hart, rund, häufig stark behaart, glatt oder mit 5 kaum hervorspringenden Kanten.

BLÜTEN
Zwittrig, klein, mit 5 weißen oder blassgelben Kronblättern, duftend. Blütenstand meist mit mehr als 5 Blüten und langem Blütenstandsstiel. An der Basis mit langem, grünlichem Flügel, der später braun und membranartig wird.

Winter-Linde

Phänologische Entwicklungsstadien

BLATTBILDUNG

[Stadium 00]
Ruhende Knospen

[Stadium 07]
Aufbrechende Knospen

[Stadium 09]
Blattspitzen herausgeschoben

[Stadium 11]
Ca. 10 % der Blätter entfaltet

[Stadium 15]
Ca. 50 % der Blätter entfaltet

BLÜTENBILDUNG UND BLÜTE

[Stadium 55]
Blüten sichtbar, nicht aufgeblüht

[Stadium 61]
Ca. 10 % der Blüten aufgeblüht

[Stadium 65]
Ca. 50 % der Blüten aufgeblüht

[Stadium 69]
Die Blüten beginnen zu welken

Tilia cordata Mill. / Malvaceae

FRUCHTREIFE

[Stadium 79]
Früchte mit maximaler Größe, noch nicht verfärbt

[Stadium 85]
Ca. 50 % der Früchte reif

ABSTERBEN

[Stadium 90]
Die Blätter beginnen, sich zu verfärben oder abzufallen

[Stadium 91]
Ca. 10 % der Blätter verfärbt oder abgefallen

[Stadium 95]
Ca. 50 % der Blätter verfärbt oder abgefallen

PHÄNOLOGISCHER KALENDER

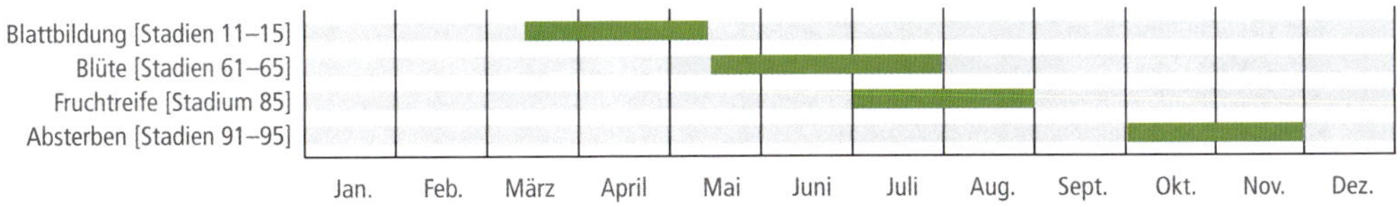

Huflattich

Was macht ihn interessant?

Die goldgelben Blüten des Huflattichs sind auffällig und erscheinen vor den Blättern.

Ökologie

Der Huflattich ist eine Pionierpflanze. Er wächst an sonnigen bis halbschattigen Standorten, vor allem an Wegrändern, Böschungen oder auf Ödland. Er kommt in den Bergen auf bis zu 2500–3000 m Höhe vor, sofern der Boden nicht zu sauer, zu trocken und salzhaltig ist.

Phänologische Entwicklungsstadien

BLÜTENBILDUNG UND BLÜTE Achtung, während der Blüte zeigen sich noch keine Blätter.

[Stadium 55]
Blütenknospen sichtbar, nicht aufgeblüht

[Stadium 61]
Ca. 10 % der Blüten aufgeblüht

[Stadium 65]
Ca. 50 % der Blüten aufgeblüht

PHÄNOLOGISCHER KALENDER

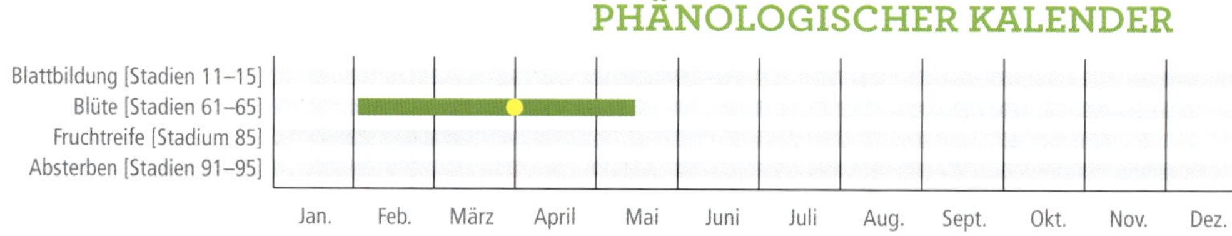

Tussilago farfara L. / Asteraceae

Bestimmungsmerkmale

Der Huflattich ist eine mehrjährige, 10–30 cm hohe Pflanze.

BLÜTEN
Goldgelb, ein einzelnes Köpfchen (1–2 cm Durchmesser) am Stängelende. Zwei Blütenarten: Zungenblüten am Rand des Köpfchens, Röhrenblüten in der Mitte.

BLÄTTER
Sie erscheinen kurz nach den Blüten. Groß (20 cm) und breit (10–15 cm), polygonal, an der Basis herzförmig, dick, oberseits grün, besonders junge Blätter unterseits heller und flauschiger.

STÄNGEL
Bedeckt mit baumwollartigen Haaren, mit rötlichen, lanzenförmigen Schuppen, deren Basis teilweise den Stängel umschließt. Die Stängel werden mit der Reife der Blüten härter und geriffelt.

FRÜCHTE
Achäne (einsamige, nussähnliche Schließfrüchte) mit einem kleinen Schirm wie beim Löwenzahn, sie werden durch den Wind verbreitet.

WURZELN
Wurzeln mit kriechendem Rhizom.

Feld-Ulme

Was macht sie interessant?

Die Feld-Ulme ist in den Wäldern selten geworden, man begegnet ihr häufiger als Feldgehölz, in Hecken und an Waldrändern im Tiefland.

Ökologie

Die Feld-Ulme ist in ganz Europa verbreitet. Sie ist ein Baum des Flachlands und der Hügel und fehlt in Höhen oberhalb von 1300 m. Sie braucht fruchtbare, eher kalkhaltige Böden und ausreichend Wasser. Früher wuchs sie häufig in Wäldern, wo sie selten geworden ist. An Waldrändern und in Hecken ist sie häufig in Form von Büschen oder kleinwüchsigen Sträuchern vorhanden. Das Verschwinden der Ulmen in ganz Europa beruht auf dem Ulmensterben, einem pathogenen Pilz aus Asien, dessen Sporen der Splintkäfer von Baum zu Baum überträgt. Die Ulmen werden von dem kleinen, holzfressenden Insekt nicht befallen, wenn der Durchmesser der Zweige kleiner ist als 4 oder 5 cm, weshalb die Ulmen als Hecken überleben. Auch isoliert stehende oder im Wald versteckte Bäume werden nicht infiziert.

Blattbildung bei der Feld-Ulme

Ulmus minor Mill. / Ulmaceae

Bestimmungsmerkmale

Sie ist ein 20–30 m hoher Baum (im Wald selten über 25 m) mit einem geraden Stamm. Die Morphologie ist wenig charakteristisch. Die Feld-Ulme wird häufig mit der Eiche verwechselt. In Hecken hat sie eine buschigere Wuchsform.

FRÜCHTE
Nussfrucht von einer braunen Membran umgeben, rundlich, an der oberen Kante eingekerbt, geflügelt. Flügel meist weniger als 2 cm lang. Die Nussfrucht befindet sich im oberen Drittel des Flügels (bei der Berg-Ulme in der Mitte).

BLÄTTER
Wechselständig, ledrig und rau (wie Sandpapier), mit gut sichtbaren Blattadern, oval, 8–10 cm lang, Blattspitze meist gut ausgeprägt. Rand des Blattes doppelt gesägt, Blattstiel kurz (meist <1 cm), Blattbasis häufig asymmetrisch.

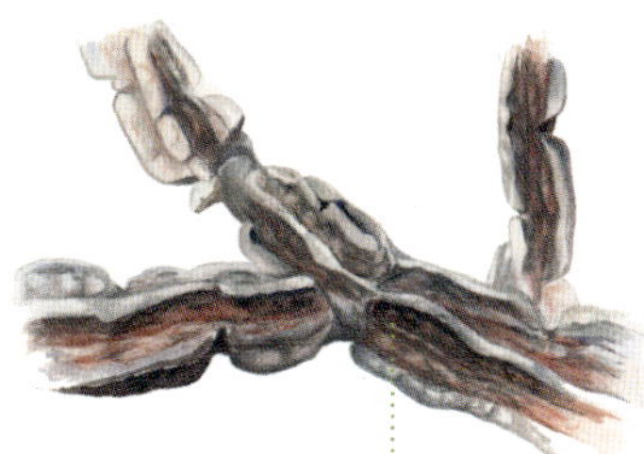

BLÜTEN
Sie erscheinen vor den Blättern auf den Zweigen des Vorjahres. Blüten zwittrig, in kleinen, rötlichen Scheindolden, ungestielt. Staubblätter und Griffel entwickeln sich nicht zur gleichen Zeit.

KNOSPEN
Klein (5–6 mm), schwarzbraun, spitz, Schuppenränder leicht behaart, vom Zweig weggespreizt und leicht gebogen. An der Basis mit markanter hellgrüner, halbrunder Blattnarbe. Blütenknospen kugelig und bereits im Winter zu sehen.

ZWEIGE
Wechselständig, jung rötlich gelb, später grau. Junge Zweige, die in voller Sonne wachsen, zuweilen mit markanten Korkleisten.

Feld-Ulme

Phänologische Entwicklungsstadien

BLATTBILDUNG

[Stadium 00]
Ruhende Knospen

[Stadium 07]
Aufbrechende Knospen

[Stadium 09]
Blattspitzen herausgeschoben

[Stadium 11]
Ca. 10 % der Blätter entfaltet

[Stadium 15]
Ca. 50 % der Blätter entfaltet

BLÜTENBILDUNG UND BLÜTE Die Blüten erscheinen vor den Blättern.

[Stadium 55]
Blütenknospen sichtbar, nicht aufgeblüht

[Stadium 61]
Ca. 10 % der Blüten aufgeblüht

[Stadium 65]
Ca. 50 % der Blüten aufgeblüht

[Stadium 69]
Die Blüten beginnen zu welken

Ulmus minor Mill. / Ulmaceae

FRUCHTREIFE Die geflügelten Nussfrüchte entwickeln sich sehr frühzeitig vor den Blättern. Die Reife ist erreicht, wenn die Blätter dabei sind, sich zu entfalten.

[Stadium 79]
Früchte mit maximaler Größe, noch nicht verfärbt

[Stadium 85]
Ca. 50 % der Früchte reif

ABSTERBEN Diese Art reagiert besonders empfindlich auf verschiedene Schädlinge, die eine frühzeitige Seneszenz verursachen. Dieser Parasitenbefall muss vermerkt werden.

[Stadium 90]
Die Blätter beginnen, sich zu verfärben oder abzufallen

[Stadium 91]
Ca. 10 % der Blätter verfärbt oder abgefallen

[Stadium 95]
Ca. 50 % der Blätter verfärbt oder abgefallen

PHÄNOLOGISCHER KALENDER

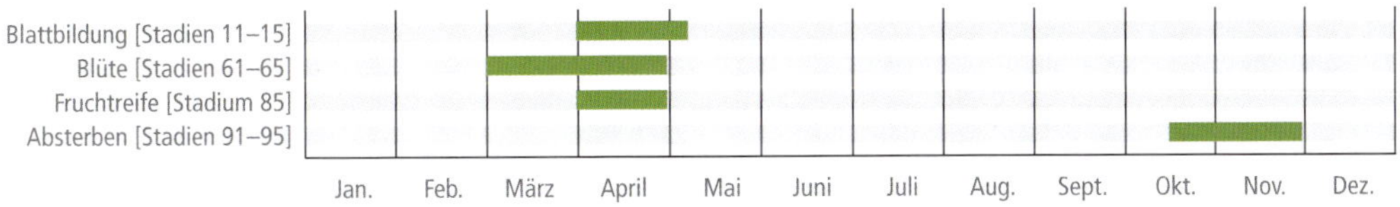

Weinrebe

Was macht sie interessant?

Die Weinrebe ist wirtschaftlich bedeutsam und wird seit vielen Jahren beobachtet, um die Auswirkungen des Klimawandels aufzuzeigen.

Ökologie

Die Weinrebe kann unter sehr unterschiedlichen Bedingungen wachsen. Ihre Ausbreitung wird durch das Risiko winterlicher Fröste begrenzt. Die Toleranzschwelle liegt bei etwa –15 °C. Auch dürfen ihre Knospen nach dem Aufbrechen im Frühling keinem Frost ausgesetzt werden. Die Weinrebe benötigt zudem gut durchlässige Böden. Abgesehen davon findet man Weinreben auf allen Bodenarten, ob sandig und sauer oder kalkhaltig und basisch. Dank ihrer tiefen Wurzeln erträgt sie geringe Niederschläge und Wärme gut.

Heute angebaute Weinreben sind immer gepfropft. Die Unterlagen sind gegen die Reblaus resistent, ein Insekt, dessen Larven die Wurzeln befallen. Ohne diese Unterlagen wären die europäischen Weinreben längst verschwunden. Heute stellen Pilzkrankheiten, die vom amerikanischen Kontinent eingeschleppt wurden, die hauptsächliche Schwierigkeit beim Weinanbau dar. Dazu gehören der Falsche Mehltau, der Echte Mehltau und die Schwarzfäule.

Beginnende Blüte der Weinrebe

Bestimmungsmerkmale

Die Wildform der Weinrebe, die Wilde Weinrebe (*Vitis vinifera* subsp. *sylvestris* (C.C. Gmel.) Hegi), ist eine Kletterpflanze, die Baumwipfel erklimmt. Auch die Kulturform hat diese Eigenschaft behalten, weshalb man sie in den Weinbergen an Drähten ziehen kann. Auch Lauben oder Hauswände werden mit Weinreben begrünt.

FRÜCHTE
Beeren (in Rispen) je nach Rebsorte gelblich, grün, dunkelblau oder violett. Die roten Rebsorten färben sich erst spät dunkel.

KNOSPEN
Im Winter zwei bräunliche Schuppen sichtbar, später spreizen sie sich und braune Behaarung wird sichtbar. Knospen rundlich, 3–5 mm groß, gräulich braun, häufig von sekundären Knospen flankiert. Wird die Hauptknospe beschädigt, treiben die sekundären Knospen aus.

BLÄTTER
Wechselständig, je nach Weinsorte mehr oder weniger geteilt und gesägt, gleichmäßige Lappen mit 5 Hauptblattnerven, 10–15 cm breit, Blattstiel etwa so lang wie die Blattspreite.

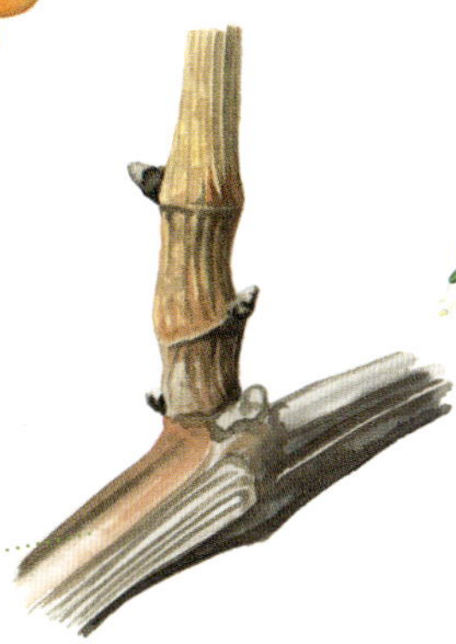

ZWEIGE
Sie ähneln Lianen, junge Zweige grün und gefurcht, verholzte Zweige grau bis rotbraun. Bei alten Zweigen löst sich die Rinde in Streifen ab. An den Knoten bilden sich entweder Blätter, Blüten oder Sprossranken, mit denen die Pflanze an Stützen emporrankt.

BLÜTEN
Bei der Kulturform zwittrig, 4–5 mm Durchmesser, in Rispen zu einigen Dutzend bis mehreren Hundert Blüten. Kelchblätter kaum zu sehen. Die 5 Kronblätter sind vollständig verwachsen, fallen mit den Kelchblättern frühzeitig ab. 5 Staubblätter und 1 Griffel. Bei der Wilden Weinrebe sind bei einigen Individuen die Fruchtknoten, bei anderen die Staubblätter verkümmert.

Weinrebe

Phänologische Entwicklungsstadien

Die beobachtete Rebsorte sollte immer angegeben werden.

BLATTBILDUNG Im Gegensatz zu allen anderen Arten in diesem Buch beziehen sich die Stadien 11 und 15 nicht auf einen Prozentsatz an entfalteten Blättern, sondern auf die absolute Anzahl entfalteter Blätter am beobachteten Individuum.

[Stadium 00] Ruhende Knospen

[Stadium 07] Aufbrechende Knospen

[Stadium 09] Blattspitzen herausgeschoben

[Stadium 11] Das erste Blatt hat sich entfaltet und ist vom Trieb abgespreizt

[Stadium 15] 5 Blätter haben sich entfaltet

BLÜTENBILDUNG UND BLÜTE Bei dieser Art wird das Stadium 69 nicht beobachtet, sondern es ist das Stadium 71, das die Produzenten und Forscher besonders interessiert: der Fruchtansatz.

[Stadium 55] Blüten sichtbar, nicht aufgeblüht

[Stadium 61] Ca. 10 % der Blüten aufgeblüht

[Stadium 65] Ca. 50 % der Blüten aufgeblüht

[Stadium 71] Fruchtansatz: Die Fruchtknoten werden nach der Befruchtung rund, die jungen Beeren beginnen zu wachsen

Vitis vinifera L. / Vitaceae

FRUCHTREIFE Die Produzenten interessieren sich bei der Fruchtreife vor allem für zwei Stadien:

- Reifebeginn: Die ersten Beeren werden weich, rote Rebsorten verfärben sich. Diese Phase ist das BBCH-Stadium 85.
- Lesereife: Die Beeren sind vollreif. Dies ist das BBCH-Stadium 89.

[Stadium 79]
Die Beeren sind groß, sie berühren sich (die Rispe ist «geschlossen») und haben sich noch nicht verfärbt

[Stadium 85]
Ca. 50 % der Beeren fühlen sich weich an, die roten Rebsorten beginnen, sich zu verfärben (Reifebeginn)

[Stadium 89]
Die Beeren sind reif, Farbe variiert je nach Rebsorte

ABSTERBEN

[Stadium 90]
Die Blätter beginnen, sich zu verfärben oder abzufallen

[Stadium 91]
Ca. 10 % der Blätter verfärbt oder abgefallen

[Stadium 95]
Ca. 50 % der Blätter verfärbt oder abgefallen

PHÄNOLOGISCHER KALENDER

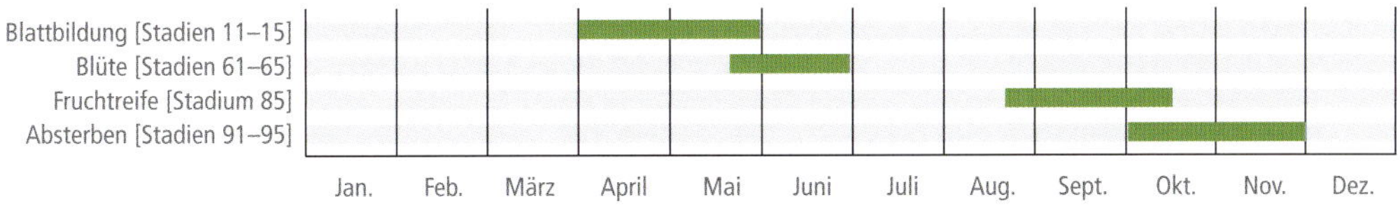

Bibliografie

Abgrall J. F. / Soutrenon A. (1991). *La forêt et ses ennemis.* 3e éd., CEMAGREF/DICOVA (Ed).

Aono Y. / Kazui K. (2008). *Phenological data series of cherry tree flowering in Kyoto, Japan, and its application to reconstruction of springtime temperatures since the 9th century.* International Journal of Climatology, 28, 7, 905–914. DOI: 10.1002/joc.1594.

Becker M. et al. (1982). *Larousse des arbres et arbustes.* Larousse (Ed).

Bodin J. et al. (2013). Shifts of forest species along an elevational gradient in Southeast France: climate change or stand maturation? *Journal of Vegetation Science*, 24, 2, 269–283. DOI: 10.111/j.1654-1103.2012.01456.x.

Bonnier G. / Douin R. (1990). *La grande flore en couleur de Gaston Bonnier: France, Suisse, Belgique et pays voisins.* 5 vol., Belin (Ed).

Bradshaw W. E. / Holzapfel C. M. (2001). *Genetic shift in photoperiodic response correlated with global warming.* Proceedings of the National Academy of Science of the U.S.A, 98, 25, 14509–14511.

Brosse J. (2001). *Larousse des arbres et des arbustes.* Larousse/VUEF (Ed).

Chuine I. et al. (2004). Grape ripening as a past climate indicator. *Nature*, 432, 289–290.

Chuine I. et al. (2016). *Can phenological models predict tree phenology accurately in the future? The unrevealed hurdle of endodormancy break.* Global Change Biology, 3444–3460. https://doi.org/10.1111/gcb.13383

Courbet F. (coordinateur), Lagacherie M. et al. (2012). *Le cèdre en France face au changement climatique: bilan et recommandations.* Réseau Mixte Technologique «Adaptation des forêts au changement climatique» (RMT AFORCE Ed).

Delpierre N. et al. (2016). Temperate and boreal forest tree phenology: from organ-scale processes to terrestrial ecosystem models. *Annals of Forest Science*, 73, 5, 5–25. doi:10.1007/s13595-015-0477-6.

Demarée G. / Rutishauser T. (2009). Origins of the word «Phenology». *EOS Earth and space science news*, 90, 34, 291.

Doré C. / Varoquaux F. (2006). *Histoire et amélioration de cinquante plantes cultivées.* INRA (Ed).

Elliott G. P. / Baker W. L. (2004). Quaking aspen (*Populus tremuloides*) at treeline: a century of change in the San Juan Mountains, Colorado, USA. *Journal of Biogeography.* 31,733–745.

GIEC (2007). *Bilan 2007 des changements climatiques. Contribution des Groupes de travail I, II et III au quatrième Rapport d'évaluation du Groupe d'experts intergouvernemental sur l'évolution du climat.* [Sous la direction de l'équipe de rédaction principale, Pachauri, R.K. et Reisinger, A.] GIEC, Genève, Suisse.

GIEC (2014). *Changements climatiques 2014: Rapport de synthèse. Contribution des Groupes de travail I, II et III au cinquième Rapport d'évaluation du Groupe d'experts intergouvernemental sur l'évolution du climat.* [Sous la direction de l'équipe de rédaction principale, R. K. Pachauri et L.A. Meyer] GIEC, Genève, Suisse.

Jeannel B. (1999). *Le Ginkgo.* Collection Le nom de l'arbre, Actes Sud (Ed).

Johnstone J. F. / Chapin F. S. (2003). Non-equilibrium succession dynamics indicate continued northern migration of lodgepole pine. *Global Change Biology*, 9, 1401–1409.

Just A. et al. (2015) SIFlore, a dataset of geographical distribution of vascular plants covering five centuries of knowledge in France: Results of a collaborative project coordinated by the Federation of the National Botanical Conservatories. PhytoKeys 56: 47–60. https://doi.org/10.3897/phytokeys.56.5723

Kullman L. (2002). Rapid recent range-margin rise of tree and shrub species in the Swedish Scandes. *Journal of Ecology*, 90, 1, 68–77.

Lang G. A. et al. (1987). *Endo-, para-, and ecodormancy: physiological terminology and classification for dormancy research.* HortScience, 22, 371–377.

Lebourgeois F. et al. (2010). Simulating phenological shifts in French temperate forests under two climatic change scenarios and four driving global circulation models. *International Journal of Biometeorology*, 54, 5, 563–581. DOI: 10.1007/s00484-010-0305-5.

Lefloch S. / Terrasson D. (1999). Entre agriculture et forêt, des enjeux majeurs pour un arbre ordinaire: le peuplier. *Annales de Géographie*, 108, 603–614.

Legave J. M. et al. (2015). Differentiated Responses of Apple Tree Floral Phenology to Global Warming in Contrasting Climatic Regions. *Frontiers in Plant Science*, DOI: 10.3389/fpls.2015.01054

Lenoir, J. et al. (2008). A significant upward shift in plant species optimum elevation during the 20th century. Science (New York, N.Y.), 320, 5884, 1768–1771. https://doi.org/10.1126/science.1156831.

Le Roy Ladurie E. (1967). *Histoire du Climat depuis l'An Mil.* Flammarion (Ed).

Lloyd A. H. / Fastie C. L. (2003). Recent changes in treeline forest distribution and structure in interior Alaska. *Ecoscience*, 10, 2, 176–185.

Lüder, R. (2019). Bäume bestimmen – Knospen, Blüten, Blätter, Früchte. Der Naturführer für alle Jahreszeiten. Haupt Verlag.

Malagi G. (2014). *Flowering phenology and dormancy dynamics of apple tree in contrasting climatic conditions: a case study of phenology modeling in the climate warming context.* PhD thesis, Centre international d'études supérieures en sciences agronomiques, Montpellier (FRA).

Meier U. (1997). BBCH-Monograph. *Growth stages of plants – Entwicklungsstadien von Pflanzen – Estadios de las plantas – Développement des Plantes.* Blackwell Wissenschaftsverlag, Berlin und Wien.

Meier E. S. et al. (2012). Climate, competition and connectivity affect future migration and ranges of European trees. *Global Ecology and Biogeography*, 21, 2, 164–178. https://doi.org/10.1111/j.1466-8238.2011.00669.x.

Nageleisen L. M. et al. (2010). *La santé des forêts.* CNPF/IDF (Ed).

Parmesan C. / Yohe G. (2003). A globally coherent fingerprint of climate change impacts across natural systems. *Nature*, 421, 6918, 37–42. https://doi.org/10.1038/nature01286.

Penuelas J. / Boada M. (2003). A global change-induced biome shift in the Montseny mountains (NE Spain). *Global Change Biology*, 9, 2, 131–140. DOI: 10.1046/j.1365-2486.2003.00566.x

Picard J. F. (1982). Contribution à l'étude de la biologie florale et de la fructification du frêne commun (Fraxinus excelsior L.). *Revue Forestière Française*, 34, 2, 97–107. DOI: 10.4267/2042/21570

Pourtet J. (1964). L'amélioration des peupliers par la sélection. *Revue Forestière Française*, 10, 725–733.

Prévosto B. (2013). *Le pin d'Alep en France, 17 fiches pour connaître et gérer.* Collection Guide pratique, QUAE (Ed).

Rameau J. C. et al. (1989–2008). *Flore Forestière Française: Guide écologique illustré.* 3 vol., Institut pour le Développement Forestier (Ed).

Saltré F. et al. (2015). How climate, migration ability and habitat fragmentation affect the projected future distribution of European beech. *Global Change Biology*, 21, 2, 897–910.

San-Miguel-Ayanz J. et al. (Eds.) (2016). European Atlas of Forest Tree Species. Publications Office of the European Union, Luxembourg (Ed). DOI:10.2788/4251. http://forest.jrc.ec.europa.eu.

Savolainen O. et al. (2004). Genetic variation in cessation of growth and frost hardiness and consequences for adaptation of Pinus sylvestris to climatic changes. *Forest Ecology and Management*, 197, 1–3, 79–89. https://doi.org/10.1016/j.foreco.2004.05.006.

Steinbauer M. J. et al. (2018) Accelerated increase in plant species richness on mountain summits is linked to warming. *Nature* 556, 231–234.

Terrasson D. / Lefloch S. (1995). Le peuplier, auxiliaire ou concurrent pour l'agriculture et l'élevage. *Revue Forestière Française*, 47, 5, 547–558.

Tison J. M. et al. (2014). *Flore de la France méditerranéenne continentale.* CBN Meditéranéen Porquerolles. Naturalia Publications.

Tison J. M. / de Foucault B. (2014). *Flora Gallica, Flore de France.* Biotope (Ed).

VEB: https://geobon.org/ebvs/what-are-ebvs/

Walther G. R. et al. (2005). An ecological 'footprint' of climate change. *Proceedings of the Royal Society B-Biological Sciences*, 272, 1427–1432.

Zohner C. M. et al. (2016). Day length unlikely to constrain climate-driven shifts in leaf-out times of northern woody plants. *Nature Climate Change*, 6, 12, 1120–1123. DOI: 10.1038/NCLIMATE3138.

Glossar

Absterben: In der BBCH-Skala bezeichnet der Begriff das Phänomen der jährlichen Blattalterung bei laubabwerfenden Bäumen.

Apex: Äußerster Punkt der Spross- bzw. Triebspitze mit dem Wachstumsgewebe (→ Meristem).

Austrieb: Phase, in der sich die Knospen öffnen, die Schuppen abfallen und neue Blätter erscheinen. Bei den Kiefern beginnen die Nadeln, die Nadelscheide zu verlassen.

Blattadern: Auch Blattnerven genannt. Gefäße (Leitbündel) im Blatt, in denen Wasser und Nährstoffe transportiert werden.

Blattanlage: Gewebe in einer Knospe oder an der Triebspitze, aus dem sich ein Blatt entwickelt.

Blattspreite: Flächiger Teil des Blattes.

Blütenhülle: Auch Perianth genannt. Gesamtheit der sterilen Teile einer Blüte (Kelchblätter und Kronblätter). Sind die Blütenblätter nicht in → Kelch- und → Kronblätter differenziert, spricht man von Blütenhüllblättern (Perigonblätter).

Blütenkelch: Äußere Hülle einer Blüte, bestehend aus den → Kelchblättern.

Blütenkrone: Gesamtheit der → Kronblätter einer Blüte.

Blütenstand: Teil des Sprosses, der die Blüten trägt. Die Form ist für die jeweilige Art charakteristisches Merkmal (z. B. → Dolde, → Rispe)

Blütenstandsstiel: Hauptachse eines Blütenstands.

Dormanz: Wachstumshemmung eines Baumes durch äußere (meist Temperatur) oder innere Faktoren (Gene, Hormone).

Einhäusig: Bezeichnet eine Art mit getrennt männlichen und weiblichen Blüten auf derselben Pflanze (monözisch).

Endodormanz: Genetisch oder hormonell gesteuerte Wachstumshemmung.

Fiederblättchen: Teil eines zusammengesetzten (gefiederten) Blattes, das wie ein eigenständiges Blatt aussieht.

Fruchtansatz: Anfangsphase der Fruchtbildung, wenn sich der Fruchtknoten der Blüte nach der Befruchtung in eine Frucht umwandelt.

Fruchtknoten: Unterer weiblicher Teil der Blüte. Er enthält die Samenanlagen und entwickelt sich nach der Befruchtung zur Frucht.

Fruchtstand: Gesamtheit von Früchten, die sich aus einem Blütenstand gebildet hat.

Gefiedert: Blatt, das aus mehreren Fiederblättchen zusammengesetzt ist.

Gegenständig: Bezeichnet die Anordnung der Blätter. Es stehen sich am Spross immer zwei Blätter direkt gegenüber.

Griffel: Weiblicher Teil der Blüte, der den → Fruchtknoten und die → Narbe verbindet.

Hochblatt: Besonders geformtes Blatt oberhalb der eigentlichen Laubblätter, meist unterhalb einer Blüte.

Hormon: Chemische Substanz, die vom Organismus selbst hergestellt wird und zum Beispiel das Wachstum reguliert.

Hybride: Pflanze, die aus der Kreuzung zweier Arten hervorgegangen ist, meist durch Züchtung, selten bilden sich auch in der Natur Hybriden.

Kambium: Wachstumsgewebe zwischen Splintholz und Rinde, das für das Dickenwachstum von Bäumen verantwortlich ist.

Kätzchen: Blütenstand aus sehr kleinen, eng zusammenstehenden Blüten. Bezeichnet in diesem Buch auch die männlichen Blütenstände der Koniferen.

Kelchblatt: Die Kelchblätter bilden den äußeren Kreis der Blütenhülle. Oft grün oder fehlend.

Klon: Pflanze, die durch vegetative Vermehrung aus einer anderen hervorgegangen ist (z. B. Steckling) und dieselben Erbanlagen hat wie die Ursprungspflanze.

Knospe: Organ am Ende des Stängels oder in den Blattachseln mit Wachstumsgewebe (Meristem) im Inneren. Laubabwerfende Bäume bilden Winterknospen, die durch Schuppenblättern geschützt werden. Es gibt Blattknospen, Blütenknospen und gemischte Knospen.

Konifere: Nadelholzgewächs

Krautige Pflanze: Nicht verholzte Pflanze. Es gibt ein-, zwei- und mehrjährige krautige Pflanzen. Viele bilden Speicherorgane (z. B. Zwiebeln), um im Frühjahr wieder auszutreiben.

Kreuzgegenständig: Wechselständige Blätter, bei denen die aufeinander folgenden Blattpaare im rechten Winkel zu einander stehen.

Kronblatt: Steriler, meist farbiger Teil der Blüte. Die Kronblätter bilden die Blütenkrone.

Krone: Gesamtheit der Äste und Blätter eines Baumes.

Meristem: Wachstumsgewebe, bestehend aus undifferenzierten Pflanzenzellen, die sich teilen, um neue Gewebe und Organe zu bilden. Primäres Meristem: am Ende der Sprosse und Wurzeln (Längenwachstum) und in den Knospen (Blüten und Blätter). Sekundäres Meristem: unter der Rinde von Bäumen (Dickenwachstum).

Nadel: Laubblatt der Koniferen (z. B. Kiefernnadel).

Nadelscheide: Hülle junger Kiefernnadeln.

Narbe: Oberes Ende des → Griffels. Die Narben nehmen bei der Bestäubung den Pollen auf, von dort gelangt er durch den Griffel zum → Fruchtknoten.

Phloem: Leitgewebe, in dem die in Wasser gelösten Nährstoffe transportiert werden.

Rispe: Blütenstand mit einer Hauptachse und mehrfach verzweigten Seitenachsen (→ Traube). Bei der Schirmrispe bilden die Blüten eine Ebene.

Seneszenz: Natürlicher Alterungsprozess, siehe auch Absterben.

Sorte: In der Pflanzenzüchtung Variante einer Art oder Hybride mit bestimmten Merkmalen wie Blütenfarbe, Schädlingsresistenz oder hoher Ertrag.

Splintholz: Aktiver Teil des Baumstamms, der sich unter dem Kambium befindet. Hier werden Nährstoffe und Wasser transportiert und Zucker oder Stärke gespeichert.

Stängel: Ober- oder unterirdischer Teil des vegetativen Systems der Pflanze, der meist Blätter und Knospen trägt.

Staubblatt: Männlicher Teil der Blüte, bestehend aus Staubfaden (Filament) und Staubbeutel mit den Pollenkörnern.

Steinfrucht: Eine fleischige Frucht, die einen einzelnen Samen enthält.

Strauch: Holzige Pflanze, statt eines einzelnen dicken Stammes bildet ein Strauch direkt über dem Boden mehrere dünnere Stämme, die sich weiter verzweigen.

Traube: Einfach verzweigter Blütenstand (→ Rispe).

Wechselständig: Bezeichnet die Anordnung der Blätter. Dabei stehen die Blätter abwechselnd entlang des Sprosses, es stehen also nie zwei auf gleicher Höhe (→ gegenständig).

Xylem: Verholztes Leitgewebe, das den Transport von Wasser gewährleistet.

Zapfen: Blüten- und Fruchtstand der Koniferen. Sowohl die samentragenden verholzten Fruchtstände als auch die männlichen oder weiblichen Blütenstände werden als Zapfen bezeichnet.

Zweihäusig: Bezeichnet eine Art, bei der einige Individuen ausschließlich männliche und andere ausschließlich weibliche Blüten bilden (diözisch).

Zwiebel: Speicherorgan (meist unterirdisch), entsteht durch die Umgestaltung des Stängels (z. B. Tulpenzwiebel).

Zwittrig: Bezeichnet eine Blüte mit sowohl männlichen (Staubblätter) als auch weiblichen Organen (Fruchtblätter).

Register

der deutschen Namen

Register

der deutschen Namen

Register
der wissenschaftlichen Namen